JN035273

―公共測量―

作業規程の準則

（令和５年３月31日改正版）

基準点測量記載要領

水準測量編

ま え が き

測量法（昭和24年法律第188号）第34条に規定される「作業規程の準則」は、平成20年３月31日（国土交通省告示第413号）に全部改正され、その後も、測量技術や情報通信技術等の進歩とともに新たな技術を取り入れる改正が行われています。近年では、令和２年３月31日及び令和５年３月31日に一部の改正が行われました。

近年の測量技術は、情報通信技術、情報処理技術の発展に伴い高度に多様化し、ＧＰＳや準天頂衛星などの複数の衛星測位システムの活用や複数の計測技術を一つのシステムとして統合し活用する技術等がさまざまな分野で利用されるようになってきました。

「作業規程の準則」の改正では、これらの測量技術のうち、測量方法や精度管理が確立された技術等について規定されるとともに、測量の効率化や測量成果の電子化などに対応した改定が行われています。これに伴って、測量手法ごとの測量成果の整理方法及び様式の変更や追加なども行われています。

このため、本記載要領では、「作業規程の準則」で規定する測量手法ごとに適合させつつ、可能な限り計算処理を理解し測量成果品の整理の参考となるように考慮しています。また、初めて公共測量に携る方にも分かりやすいようにするため、できるだけ作業工程に沿いながら必要なコメントも加えて作成していますが、限られた紙面であることから標準的な例として示させていただいています。

本書をご活用いただき、公共測量作業が適正に効率良く実施され、優れた品質の測量成果が得られることを期待しております。

令和５年７月

公益社団法人　日本測量協会
会　長　　清 水　英 範

本書の使用にあたって

本書は、「作業規程の準則」に規定する「レベル等による水準測量」及び「ＧＮＳＳ測量機による水準測量」の各工程における測量成果の作成及び整理について、掲載する事例を参考とすることで公共測量に初めて携わる方にも分かりやすく、容易にまとめられるように作成しています。

また、「作業規程の準則」で定めのない様式等については、基本測量に準じた様式等を標準的な例として掲載しています。

測量成果品は、測量計画機関の定める作業規程及び仕様書等に基づき作成するものですが、測量計画機関において様式の定めがない場合や指示がない場合には、本書を利用することで測量成果を効率的に整理し、作成することができます。

使用上の注意点

（１）文中の注釈について

見落としがちな重要事項や間違いやすい事項については、注記を網掛けで示しています。

（２）測量種別ごとの掲載について

分かりやすく、使いやすいように、「レベル等による水準測量」及び「ＧＮＳＳ測量機による水準測量」ごとにまとめています。ただし、紙面の都合上掲載を省略している類似の測量成果品等は関連する測量方法を準用してご利用ください。

（３）掲載する測量成果等について

掲載する測量成果等は、記載要領として作成したものであり、様式の数値や表示内容等は実際のソフトウェアの出力とは異なる場合があります。

（４）測量計画機関ごとに異なる様式等への対応について

建標承諾書、成果表、点の記様式等は、「作業規程の準則」の標準様式に準じた様式としていますが、測量計画機関で様式を定めている場合、又は指示による様式等がある場合はその様式を用いて作成します。

測量成果の品質確保のために、（公社）日本測量協会で刊行している「作業規程の準則解説と運用」及び「公共測量成果検定における指摘事項事例集」も本書と併せてご利用されることをお薦めします。

目　次

第１章　水準測量共通事項

（1）水準測量作業における工程管理

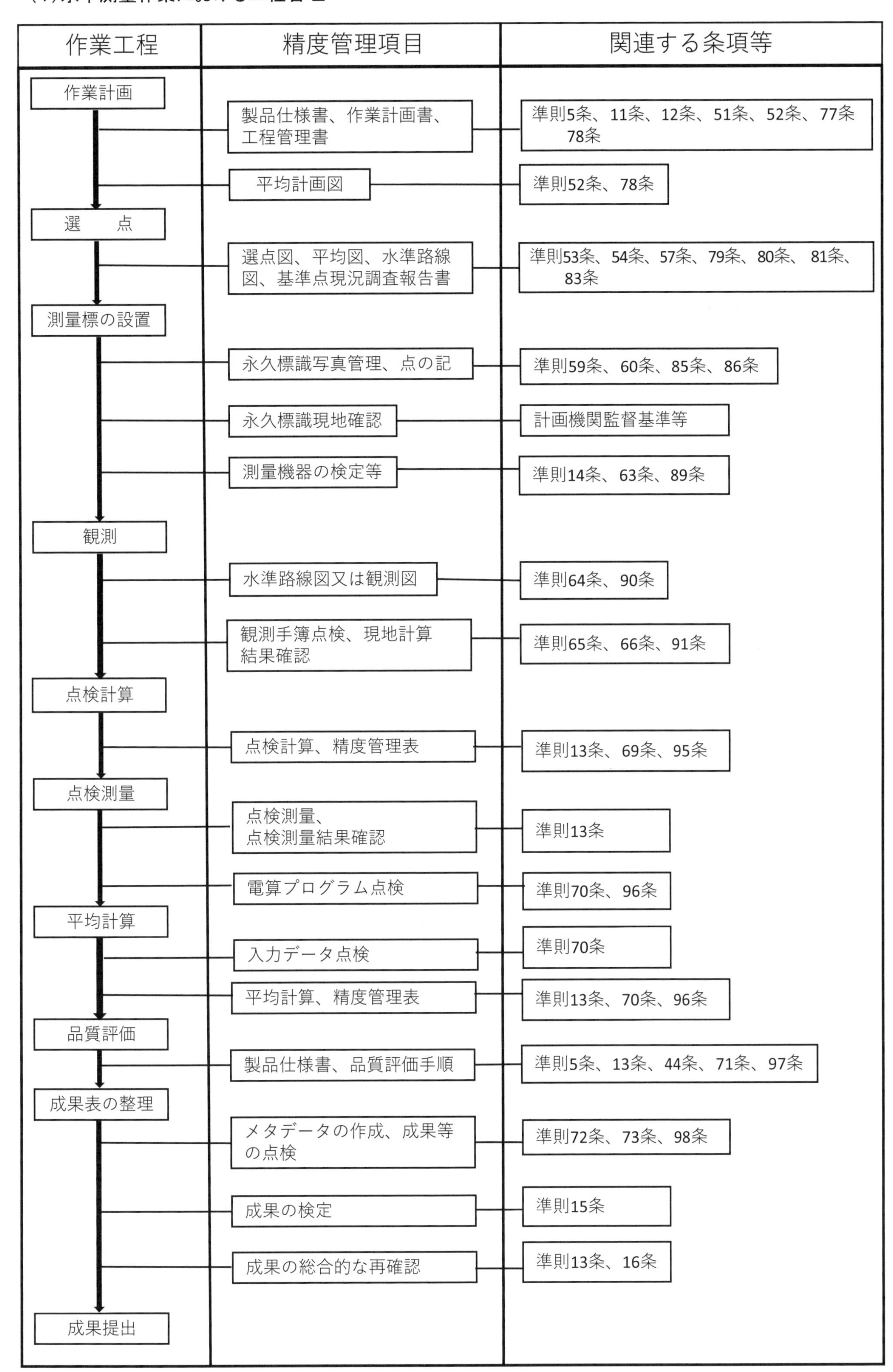

作業工程
精度管理項目
関連する条項等
作業計画
製品仕様書、作業計画書、工程管理書
準則5条、11条、12条、51条、52条、77条 78条
平均計画図
準則52条、78条
選　　点
選点図、平均図、水準路線図、基準点現況調査報告書
準則53条、54条、57条、79条、80条、81条、83条
測量標の設置
永久標識写真管理、点の記
準則59条、60条、85条、86条
永久標識現地確認
計画機関監督基準等
測量機器の検定等
準則14条、63条、89条
観測
水準路線図又は観測図
準則64条、90条
観測手簿点検、現地計算結果確認
準則65条、66条、91条
点検計算
点検計算、精度管理表
準則13条、69条、95条
点検測量
点検測量、点検測量結果確認
準則13条
電算プログラム点検
準則70条、96条
平均計算
入力データ点検
準則70条
平均計算、精度管理表
準則13条、70条、96条
品質評価
製品仕様書、品質評価手順
準則5条、13条、44条、71条、97条
成果表の整理
メタデータの作成、成果等の点検
準則72条、73条、98条
成果の検定
準則15条
成果の総合的な再確認
準則13条、16条
成果提出

（2）簿冊等の整理要領

① 記載事項は、明瞭に記入する。

② 成果等は、測量地区別に調製する。

③ 点検者が記入する事項及び検符には、インク（赤）又はボールペン（赤）を用いる。

④ 水準点に永久標識を設置した場合は、等級と永久標識番号で表す。永久標識を設置しない場合は、等級と標杭番号で表す。

⑤ 永久標識番号は、計画機関ごとに、測量成果の利用、管理、整理を考慮して重複しないように付ける。また、標杭番号は、当該測量作業の成果の整理を考慮して付ける。

⑥ 成果等は、等級別に整理することを原則とし、ページ数が多い場合は適宜分冊する。また、ページ数が少ない場合は、計画機関の同意を得て異なる等級の簿冊を合冊することができる。この場合でも、等級ごとに区別されていなければならない。

例：2冊に分冊した場合は、(2)－1、(2)－2とする。

⑦ 諸簿は、各簿冊ごとに定められた様式に従い作成し、一連のページ番号を記入する。

⑧ 簿冊の大きさは、原則として、日本工業規格Ａ４判（21.0×29.7cm）とする。これにより難い場合はこの限りでない。

⑨ 表紙には次の事項を記入する。

イ．年度　ロ．地区名　ハ．精度区分　ニ．簿冊名　ホ．計画機関　ヘ．作業機関

⑩ パソコンやデータコレクタ等の計算ソフトウェアを用いて一連の計算を行った場合、計算途中の出力結果と手計算結果と末位が一致しない場合があるが、このような場合は正しいものとして扱う。

（３）簿冊の作成区分

諸簿は、それぞれ次の順序に整理する。

レベル等による水準測量	ＧＮＳＳ測量機による水準測量
諸資料簿 　成果検定証明書（正） 　レベル検定証明書（写）等 　既知点成果表・点の記 　平均図・水準路線図 **観測手簿** 　観測手簿 **計 算 簿** 　点検計算 　渡海（河）水準測量高低計算 　正規正標高補正計算（楕円補正） 　変動補正計算 　水準網平均計算 　観測者毎の 1km 当たりの標準偏差 　全線の 1km 当たりの標準偏差 **成 果 表** 　水準測量観測成果表 　水準測量平均成果表 　地盤沈下調査水準測量観測成果表 　　　　　　（変動補正計算簿） 　成果数値データファイル **点 の 記** 　点 の 記 **精度管理簿** 　精度管理表 　点検計算結果 　平均図の写し 　品質評価表 **メタデータ** **建標承諾書等** 　建標承諾書 　測量標設置位置通知書 　測量標新旧位置明細書 　基準点現況調査報告書 **作業管理写真** 　測量標設置写真 **参考資料** 　工事設計書	**諸資料簿** 　成果検定証明書（正） 　ＧＮＳＳ測量機検定証明（写）等 　既知点成果表・点の記 　平均図・観測図 **観 測 簿** 　ＧＮＳＳ測量観測記録簿 　ＧＮＳＳ測量観測手簿 **観測記簿** 　ＧＮＳＳ測量観測記簿 **計 算 簿** 　点検計算 　平均計算 **成 果 表** 　成 果 表 　成果数値データファイル **点 の 記** 　点 の 記 **精度管理簿** 　精度管理表 　点検計算結果 　平均図・観測図の写し 　品質評価表 **メタデータ** **建標承諾書等** 　建標承諾書 　測量標設置位置通知書 　測量標新旧位置明細書 　基準点現況調査報告書 **作業管理写真** 　測量標設置写真 **参考資料** 　観測スケジュール表 　ＧＮＳＳ衛星飛来情報・天空図等 　工事設計書

（4） 成果数値データファイル標準様式

成果数値データファイルは、成果数値データファイル標準様式に定める基本構造等に基づき作成する。

成果数値データファイル標準様式

基本構造

1) 1行1レコードのカンマ区切りのテキストファイルとする。
2) 文字コードはASCII コード、漢字コードはシフト JIS コードとする。
3) 拡張子は「TXT」とする。
4) レコードの記述方法

データ区分	区切り	項目1	区切り	・・・・	項目n	区切り	CRLF

データ区分　：その行のデータの種類を表す記号。1文字目が英字、2,3文字目が数字の3文字とする。
区切り　：各データの項目は、「,」（カンマ）によって区切るものとする。
　項目を省略する場合は、「,,」とする。（スペースは入れない。）
項目1～項目n　：データ区分に応じて項目数は変わる。項目数は、記述内容のとおり。
CRLF　：各行の終了コード（0D0Ah）で、各行の最大長は、CRLF を含まず、128 バイトとする。

留意事項

1) 名称、コメントなど、文字として認識するデータには、「,」（カンマ）を使用しない。
2) 点名称、測器名称、標尺名称、水準点番号などの名称、コメントは全角文字（英数字については半角文字を原則とする）とし、それ以外のデータは、半角文字とする。

記述内容

1）説明文
　データ区分：Z00 ～ Z03
　内　　容：作業内容のコメントを記載する。
　　Z00　コメント（省略可）、フォーマット識別子※、フォーマットバージョン「02.00」で固定
　　　※ 1：基準点測量成果フォーマット
　　　　2：簡易網基準点測量成果フォーマット
　　　　3：水準成果表フォーマット
　　　　4：水準測量観測成果表フォーマット
　　Z01　業務タイトル名（年度、地域、基準点区分等級）（基準点のみ省略可）
　　Z02　測地系（0（世界測地系）、1（日本測地系））、平面直角座標系（省略可）（Z02 は基準点のみ適用）
　　Z03　水準成果の種類　（Z03 は水準点のみ適用）

2）開始データ
　データ区分：A00（基準点）、S00（水準点）
　内　　容：成果表データの開始フラッグ

3）データ
　データ区分：A01（基準点）、S01（水準点）
　内　　容：点番号、点名称、緯度、経度、X座標、Y座標、座標系、標高、等級
　　①点番号：基準点は、5桁の整数を標準とする。
　　　　　　水準点は、11桁の整数を標準とする。
　　②名　称：40バイト以下
　　③緯　度：小数点形式（DD°.MM′SS″SSSS）とし秒以下4桁とする。
　　④経　度：小数点形式（DDD°.MM′SS″SSSS）とし秒以下4桁とする。
　　⑤X座標：基準点は、小数点形式、m単位とし、m以下3桁までとする。
　　　　　　水準点は、小数点形式、m単位とし、m以下1桁までとする。
　　⑥Y座標：基準点は、小数点形式、m単位とし、m以下3桁までとする。
　　　　　　水準点は、小数点形式、m単位とし、m以下1桁までとする。
　　⑦座標系：平面直角座標系番号
　　⑧標　高：基準点は、小数点形式、m単位とし、m以下3桁までとする。
　　　　　　水準点は、小数点形式、m単位とし、m以下4桁までとする。成果がm以下3桁までのときは最後に0を付ける。
　　⑨等　級：（水準点に適用）2桁の整数とする。
　　　　11～13：1等～3等
　　　　21～24：1級～4級
　　　　25：簡易

4）データの終了
　データ区分：A99（基準点）、S99（水準点）
　内　　容：成果表データの終了フラッグ

（5）点の記の作成要領

① 所在地、所有者及び地目は、建標承諾書等より転写する。なお、既設点は、基準点現況調査報告書等より転写する。
② 改測等により点の記を更新する場合は、選点、設置の年月日、氏名等変更のない事項は、旧点の記から転写し、観測者欄は改測者名とする。
③ 水準点の記号は、 ⊡ （1辺3mm程度）とする。
④ 要図は、発見が容易なように、できるだけ堅固な構造物等からの距離、周囲の状況及び植生を略記する。
⑤ 電柱等から距離を測定した場合は、その電柱番号等を記入する。なお、必要に応じて断面図を入れる。
⑥ 綴る順序は、最初に既知点、次に新設点とし、番号の小さい順とする。
⑦ 旧埋設欄は、移転、再設等を実施した場合、直前の旧設置年月日を記入する。 なお、該当しない場合は、――― を記入する。

（6）建標承諾書の作成要領

建標承諾書は、以下の事項に注意し2部作成する。
① 記載誤りは再調製する。
② 地目は、不動産登記規則第99条の区分による。また、不動産登記事務取扱手続準則第68条及び第69条も参照のこと。
　田、畑、宅地、学校用地、鉄道用地、塩田、鉱泉地、池沼、山林、牧場、原野、墓地、境内地、運河用地、水道用地、用悪水路、ため池、堤、井溝、保安林、公衆用道路、公園、雑種地
③ 作成した建標承諾書は、計画機関及び所有者又は管理者双方で保管する。

（7）測量標設置位置通知書の作成要領

測量標設置位置通知書は、測量法第37条及び第39条に基づくもので、以下の事項に注意し作成する。
① 市町村別に、国土地理院長通知用1部、都道府県知事通知用2部及び計画機関保管用1部の4部作成する。
② 等級番号順に記入する。
③ 設置年月日は測量標埋設年月日とする。
④ 記載誤りは再調製する。
⑤ 空欄は ――― を引く。

（8）測量標新旧位置明細書の作成要領

測量標新旧位置明細書は、測量法第37条及び第39条に基づくもので、以下の事項に注意し作成する。
① 市町村別に、国土地理院長通知用1部、都道府県知事通知用2部及び計画機関保管用1部の4部作成する。
② 作業区分は移転、改埋、再設又は廃棄とする。
③ 記載誤りは再調製する。
④ 空欄は ――― を引く。

（9）作業管理写真の撮影及び整理要領

① 写真は、作業記録及び出来形を確認するためのものとし、作業完了後、見ることが出来ない箇所又は重要な作業段階の状況等を撮影したものとする。

② 出来形確認の写真は、次による。なお、撮影被写体で判断できない要素（撮影年月日、等級等）はコピー用紙等に記入し、同一画面に写し込んで被写体と関連づけるものとする。

イ. 埋設の工事写真は、標識番号、埋標形式が明瞭にわかるようにコピー用紙等に記入し、同一画面に撮影する。

ロ. 埋設の完成写真は、近景及び遠景を撮影し、周辺の構造物等の状況がわかるように撮影する。

③ その外に監督員に指示された箇所等必要に応じ撮影する。

④ 撮影は、デジタルカメラ又は光学カメラによりカラー撮影し、写真は7.5cm×10.5cmを標準とする。

⑤ 既設点は、等級・標識番号順、新設点は、等級・路線ごとの標識番号順に整理する。

⑥ その他の撮影したデジタルデータは、監督員の指示があればCD等で提出する。

第2章　レベル等による水準測量

注記：本内容は、記載要領用に作成したものであり、数値等は実際のソフトウェアの出力と異なる場合がある。

（1）目　次

目　次

等級	番　号	測点名称	頁
		諸 資 料 簿	
		検定証明書等	
		成果検定証明書(正)	
		レベル検定証明書（写）	
		水準標尺検定証明書（写）	
		水準測量作業用電卓検定証明書（写）	
		電算プログラム検定証明書等（写）	
		既知点成果表、点の記	
		平均図	
		水準路線図	
		観　測　手　簿	
		1級水準観測手簿	○○
		○○○ ～ ○○○	○○
		○○○ ～ ○○○	○○
		点検測量	○○
		2級水準観測手簿	
		○○○ ～ ○○○	○○
		○○○ ～ ○○○	○○
		点検測量	○○
		3級及び4級水準観測手簿	
		○○○ ～ ○○○	○○
		○○○ ～ ○○○	○○
		点検測量	○○
		渡海（河）水準測量観測手簿	
		○○○ ～ ○○○	○○
		○○○ ～ ○○○	○○
		点検測量	○○

等級	番　号	測点名称	頁
		計　算　簿	
		点検計算	
		渡海(河)水準測量高低計算(俯仰ねじ法)	○○
		渡海(河)水準測量観測記簿 及び高低計算簿	○○
		渡海(河)水準網平均計算	○○
		正規正標高補正計算（楕円補正）	○○
		正標高補正計算	○○
		地盤沈下変動補正計算	○○
		水準網平均計算	○○
		変動補正計算	○○
		観測者毎の1km当たりの標準偏差	○○
		全線の1km当たりの標準偏差	○○
		成　果　表	
		成　果　表	
		成果数値データファイル	
		水準点座標一覧	
		点　の　記	
		点 の 記	
		精 度 管 理 簿	
		精度管理表	
		点検計算結果	
		平均図（写）	
		品質評価表	
		メ タ デ ー タ	
		メタデータ	
		建 標 承 諾 書 等	
		建標承諾書	
		測量標設置位置通知書	
		測量標新旧位置明細書	
		基準点現況調査報告書	
		作 業 管 理 写 真	
		測量標設置写真	
		参　考　資　料	
		工事設計書等	

網掛けの簿冊は掲載省略

（2）諸資料簿

令和〇〇年度

〇級水準測量

〇〇地区

諸 資 料 簿

検定証明書

平均図・水準路線図

計画機関　〇〇〇〇

作業機関　〇〇〇〇株式会社

イ. 検定証明書等

成果検定証明書は正を添付する。

検　定　証　明　書

日測技発第○○○-○○○○ 号
○○○○年○○月○○日

○○○○株式会社
代表取締役　○○　○○　殿

東京都文京区小石川○丁目○番○号
公益社団法人　日本測量協会
会長　○　○　○　○

下記の測量成果及び記録（資料）は、当協会の測量成果検定要領に基づいて検定した結果、別紙検定記録書に記載のとおり適合していることを証明します。

記

業務名称　○○○○○○○○○○

地区名　○○○○地区

測量種別　○○○○○測量

数量（検定数量）　○○○Km

作業規程等名称　○○○○公共測量作業規程

有効期限が1年以内の検定証明書のコピーを添付する。

レベル検定証明書

契約番号 第 ○○-○○○○-○○号
○○○○年○○月○○日

○○○○○○○○○ 殿

東京都文京区小石川○丁目○番○号
公益社団法人　日本測量協会
会　長　○　○　○　○　印

検定要領に基づいて検定した結果は、下記のとおりである。

記

機種・製造番号	○○○○　○○○○○○○○○○○　No.○○○○○○○○	
検定年月日	○○○○年○○月○○日	
技術管理者	測量士　○○○○	
検定者	測量士　○○○○	
検定内容	外観・構造及び機能	良　好
	性　能	良　好
判　定	公共測量作業規程の準則による測量機器級別性能分類 １級レベルに適合	
有効期間	○○○○年○○月○○日より○○○○年○○月○○日まで	
備　考		

（1）ＱＲコードは、検定機関が証明書の記載内容を確認するためのものです。
（2）証明書の内容についてご不明の点は、下記へお問い合わせ下さい。
公益社団法人日本測量協会 機器検定部
TEL 029-848-2004 E-Mail:inst@geo.or.jp

有効期限が3年以内の検定証明書のコピーを添付する。

水 準 標 尺 検 定 証 明 書

契約番号 第 ○○-○○○○-○○号
○○○○年○○月○○日

○○○○○○○○ 殿

東京都文京区小石川○丁目○番○号
公益社団法人　　日本測量協会
会　　長　○　○　○　○　　印

検定要領に基づいて検定した結果は、下記のとおりである。

記

<table>
<tr><td>機種・製造番号</td><td colspan="3">○○○○○○○○　○○○○○○○○○　№○○○○，○○○○</td></tr>
<tr><td>検 定 年 月 日</td><td colspan="3">○○○○年○○月○○日</td></tr>
<tr><td>技 術 管 理 者</td><td colspan="3">測 量 士　　○ ○ ○ ○</td></tr>
<tr><td>検 定 者</td><td colspan="3">測 量 士　　○ ○ ○ ○</td></tr>
<tr><td rowspan="3">検 定 内 容</td><td>外観・構造及び機能</td><td colspan="2">良　好</td></tr>
<tr><td rowspan="2">性　能</td><td colspan="2">良　好</td></tr>
<tr><td>標尺改正数(20℃)</td><td>○○.○ μm／m</td></tr>
<tr><td>膨 張 係 数</td><td colspan="3">○.○○ PPM／℃</td></tr>
<tr><td>判　定</td><td colspan="3">公共測量作業規程の準則による測量機器級別性能分類
1級標尺に適合</td></tr>
<tr><td>有 効 期 間</td><td colspan="3">○○○○年○○月○○日より○○○○年○○月○○日まで</td></tr>
<tr><td>備　考</td><td colspan="3">検定時のⅠ号標尺およびⅡ号標尺の標尺改正数（20℃）
○○○○ = ○○.○μm/m　○○○○ = ○○.○μm/m</td></tr>
</table>

（1）ＱＲコードは、検定機関が証明書の記載内容を確認するためのものです。
（2）…お問い合わせ下さい。
…量協会 機器検定部
…ail:inst@geo.or.jp

水準標尺検定証明書の有効期間は3年である。ただし、一部の標尺（標尺改正数の変化が大きい標尺）で1年のものがある。

動作の結果が正しいことを確認した資料を添付する。

水準測量作業用電卓検定証明書

契約番号 第 ○○-○○○○-○○号
○○○○年○○月○○日

○○○○○○○○ 殿

東京都文京区小石川○丁目○番○号
公益社団法人　日本測量協会
会　長　○　○　○　○　印

検定要領に基づいて検定した結果は、下記のとおりである。

記

機種・製造番号	○○○○　○○○○○　No.○○○○○　Ver.○.○.○	
検定年月日	○○○○年○○月○○日	
技術管理者	測量士　○○○○	
検定者	測量士　○○○○	
検定内容	外観・構造及び機能	良好
	性能	良好
判定	水準測量作業用電卓に適合。	
備考		

（1）QRコードは、検定機関が証明書の記載内容を確認するためのものです。
（2）証明書の内容についてご不明の点は、下記へお問い合わせ下さい。
公益社団法人日本測量協会 機器検定部
TEL 029-848-2004 E-Mail:inst@geo.or.jp

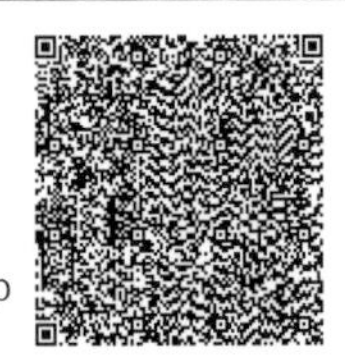

証明書のコピーを添付する。

電算プログラム検定証明書

日測技発第〇〇〇－〇〇〇〇号
〇〇〇〇年〇〇月〇〇日

〇〇〇〇株式会社
代表取締役 〇〇　〇〇 殿

東京都文京区小石川〇丁目〇番〇号
公益社団法人 日本測量協会
会　長 〇 〇　〇 〇　印

下記の電算プログラムは、電算プログラム検定要領に基づいて検定した結果、検定基準に適合していることを証明します。
ただし、当該プログラムを修正したときは、その時点においてこの証明書は、効力を失います。

記

1．検定証明番号
(1) 証明番号　第 〇〇－〇〇〇〇 号
(2) 証明年月日　〇〇〇〇年〇〇月〇〇日

2．電算プログラムの名称及び検定の種別
(1) プログラム名称　水準網平均計算（観測方程式）
(2) 検定の種別　修正検定

3．使用目的　作業規程の準則に準拠する測量

4．動作可能環境　Microsoft Windows 7/8/10
上記OSの要件に対応したCPU
上記OSの要件が推奨する搭載量以上のメモリー容量
Microsoft .NET Framework 4.6

5．制限条件

既知点数数	1,000 点 以内
交点数	500 点以内
路線数	1,500 点以内
全測点数（既知点を含む累計）	10,000 点以内

平均計算に使用するプログラムは、計算結果が正しいと確認されたものを使用する。
検定を受けたプログラムは証明書のコピーを添付する。自社点検を行った場合は、点検資料を添付する。

ロ. 平均図等

N

令和○○年度　1級水準測量
○○地区　平均図

縮尺=1／○○○○○

縮尺は任意で良い

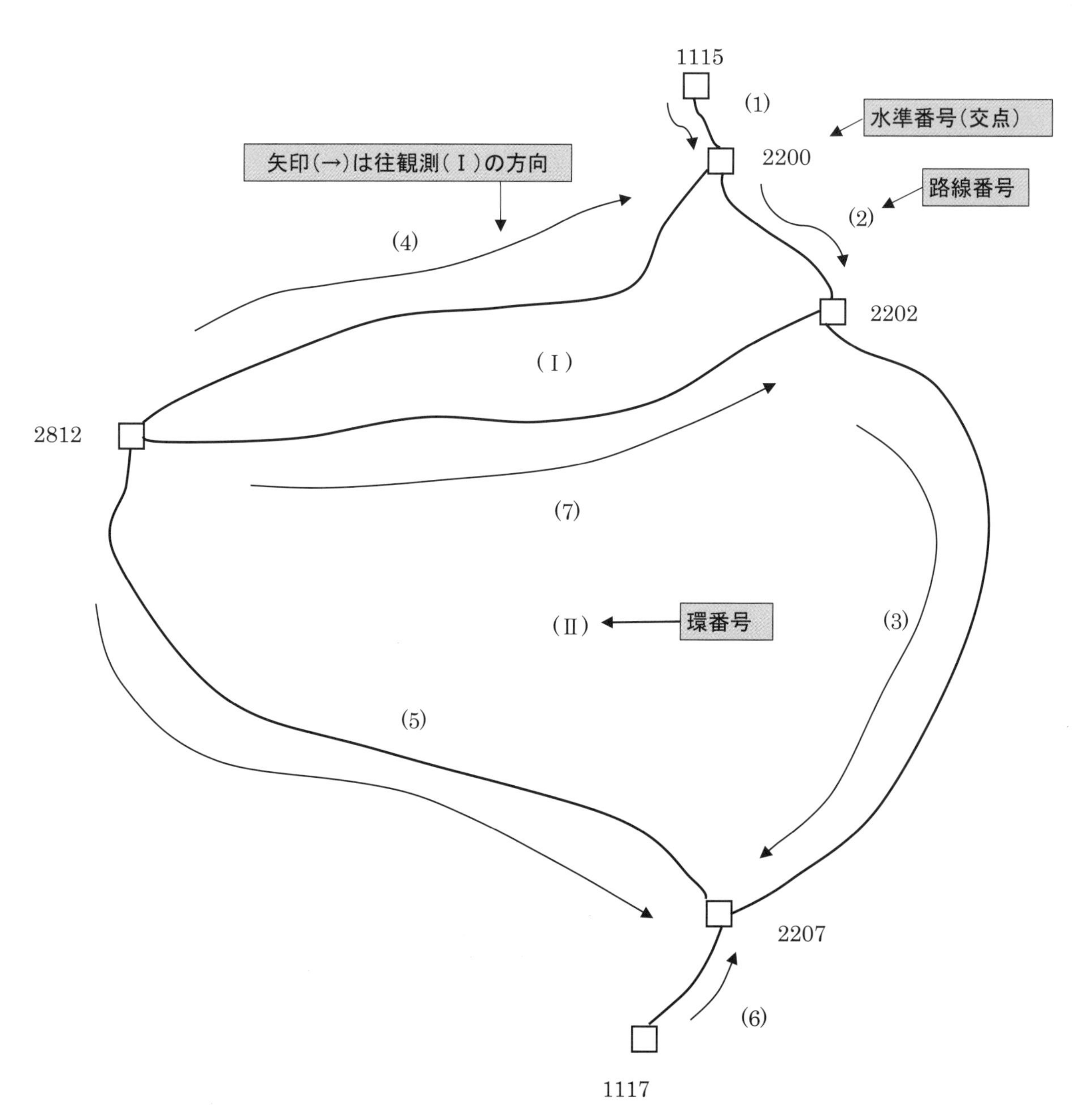

承認する
監督員　○○○○ 印

平均図は、観測前に必ず計画機関の承認を得る。

令和○○年度　1級水準測量
○○地区　水準路線図

縮尺1／○○○○○

縮尺は任意で良い

N

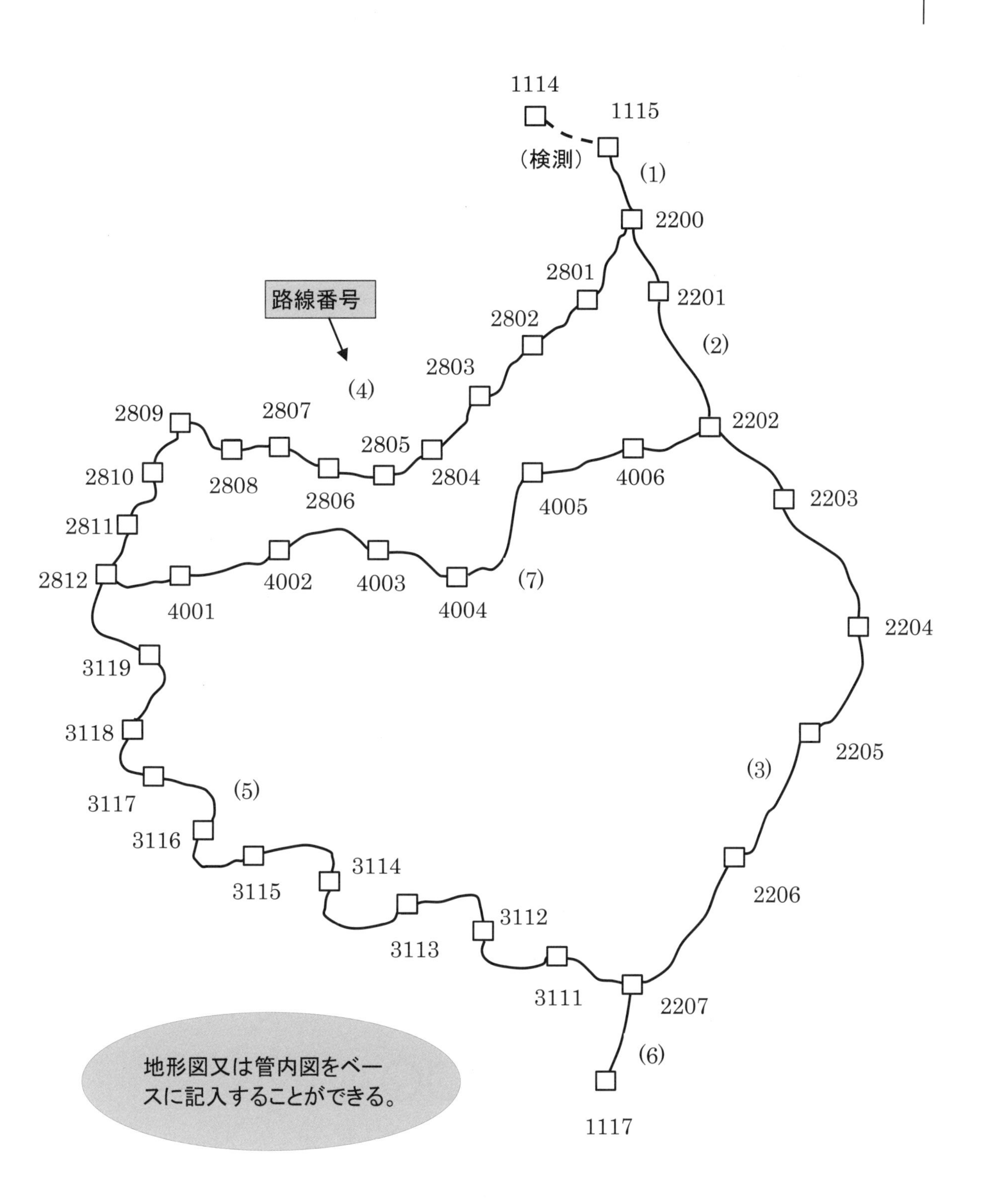

（３）観測手簿

令和○○年度

○級水準測量

○○地区

観測手簿

計画機関　○○○○

作業機関　○○○○株式会社

観測手簿記載要領

① 観測値の記録は、水準測量作業用電卓を用いる。水準測量作業用電卓を使用せず、観測手簿に記録する場合は、インク（黒又は青）又はボールペン（黒又は青）を用いるものとする。ただし、雨天等の場合は、その理由を記して鉛筆を用いることができる。この場合、和の欄はインク（黒又は青）又はボールペン（黒又は青）書きとする。また、観測者による点検の検符は鉛筆を用いる。なお、空白の用紙は、斜線を引いて整理する。

② 読定値の訂正はしてはならない。誤記、誤読等の場合は、１測点全ての観測をやり直し、次の欄に記入する。計算等の訂正は、旧の数値が読めるように抹消し、その上に正しい数値を書く。

③ 観測者氏名、レベル及び標尺の種類、番号、年月日、時間、天候、気温、風力、風向を記入する。ただし、これらの事項に変更がない場合は省略することができる。

④ 水準点番号及び観測の方向（往観測（Ⅰ）又は復観測（Ⅱ））を記入する。なお、再測の場合の自No.及び至No.は、その固定点が属する水準点番号とする。

⑤ 観測年月日は次ページ以降は観測年を省略することができる。

⑥ １級水準測量は水準点及び固定点で気温を測定し記入する。

⑦ 風力の区分は次表による。

区　分	判　定　基　準	風速（秒速）
無　風	煙が直上する	1.5mまで
軟　風	煙または樹葉がゆれる	3.5mまで
和　風	煙が斜めに昇る	6.0mまで
疾　風	樹枝が動く	10.0mまで
強　風	樹幹が動く	10.0m以上

⑧ 観測時刻は、24時間制の表示とし、原則として出発及び終了のとき記入する。

⑨ 往観測（Ⅰ）の最終ページの上欄に、各固定点間の高低差及び往復差を再測値も含めてインク（黒又は青）又はボールペン（黒又は青）で記入する。

⑩ 固定点は、約８測点（偶数測点）ごとに設けるものとし、往と復で共通して使用する。

⑪ 点検者が点検を行う前に不採用とするときは、観測者がインク（黒又は青）又はボールペン（黒又は青）でその理由を記入し、不採用の事項を斜線で抹消する。

⑫ 点検者の点検が終わった後で不採用にするときは、点検者がインク（赤）又はボールペン（赤）で理由を記入し、不採用の事項を斜線で抹消する。

⑬ 点検調整等は、その都度観測手簿に記入する。

⑭ 観測の読定単位及び視準距離は次表による。

区　分	読定単位	視準距離
１級水準測量	0.1mm	最大50m
２級水準測量	1 mm	最大60m
３級水準測量	1 mm	最大70m
４級水準測量	1 mm	最大70m
簡易水準測量	1 mm	最大80m

イ. 1級水準測量観測手簿

a. 点検調整(水準電卓使用)

点検調整

観測者が複数の場合、識別出来るように頭文字等を記入する。

視準線の点検

*** トウキュウ=0 *** PAGE= 1

観測日:****/4/16 観測時刻: 08 H 56 M 気温= 10℃

測器:○○○○ No.:○○○○ 観測者:○○○○

標尺:○○○○ No.:○○○○ ○○○○

天候:曇 風力:軟風 風向:N

点検調整時も気温を測定する。

脚を反転

No.	a/b	b/a	h	b′/a′	a′/b′	h′
A	1.62071	1.50429	0.11642	1.49550	1.61192	0.11642

sh= 0.11642

脚を反転

B	1.42025	1.53671	0.11646	1.52795	1.41153	0.11642

観測時刻: 09 H 01 M 気温= 10℃

sh= 0.11644 SH= 0.00002 ✓平均気温= 10.0℃

538849 (許容範囲 0.3mm) ✓

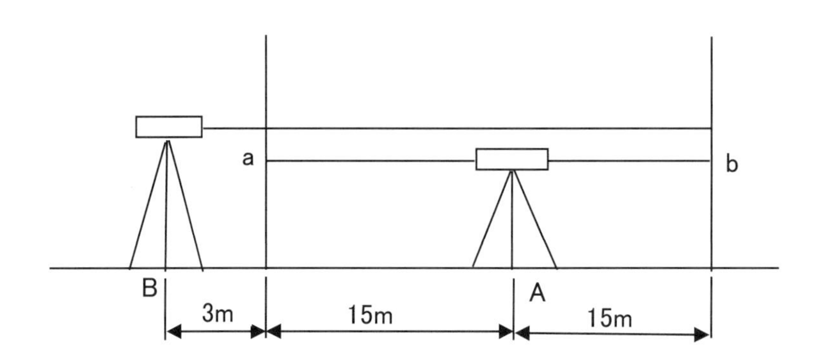

観測者 ○○○○

器 械 ○○○○

標 尺 ○○○○

水準電卓 ○○○○

視準線誤差の点検調整

コンペンセータの機能点検

	読定単位	許容範囲
1級レベル	0.01mm	0.3mm
2級レベル	0.1 mm	0.3mm
3級レベル	1 mm	3 mm

b. コンペンセータの機能点検（水準電卓使用）

コンペンセータの機能点検

（視準方向）　　　　　　　　　　　　*** トウキュウ＝0 ***　　　　　　　　　　　　PAGE＝ 2

観測日：****/4/16　　　　観測時刻： 09 H 02 M　　　　気温＝　　10℃

測器：○○○○　　　　No.：○○○○　　　　観測者：○○○○

標尺：○○○○　　　　No.：○○○○　○○○○

機能点検時も気温を測定する。

天候：曇　　　　風力：軟風　　　　風向：N

No.	a/b	b/a	h	b′/a′	a′/b′	h′
				脚を反転		
水平	1.62572	1.50928	0.11644	1.51339	1.62984	0.11645
		sh=	0.11645			
				脚を反転		
傾斜	1.50231	1.61873	0.11642	1.62133	1.50489	0.11644

観測時刻： 09 H 06 M　　　　気温＝　　10℃

sh=　0.11643　　　　SH=　−0.00002✓　平均気温＝　　10.0℃

440975　　　　（許容範囲　0.3mm）✓

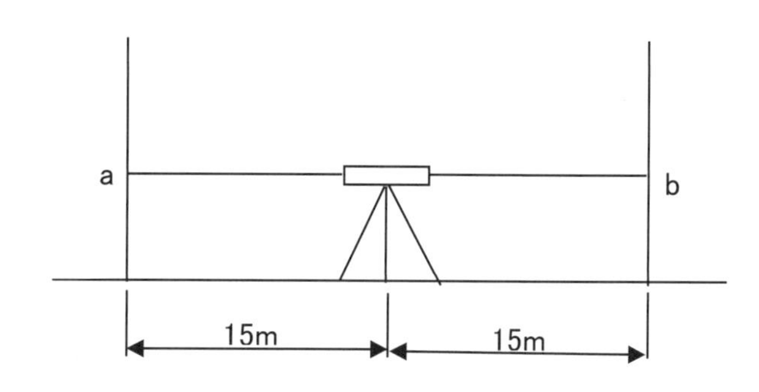

視準方向

・機能点検時も気温を測定する。
・円形気泡図以外の図は、各観測者の最初のページ以外は省略できる。
・コンペンセータの機能点検は、視準線の点検調整時毎に二つの傾斜位置について行う。
・点検は、気泡位置が視準方向又は視準方向に直角のどちらから先に行ってもよい。
・気泡位置は、視準方向であれば前後、直角方向では左右のどちらの位置でもよい。
・電子レベルの場合も同様とする。

コンペンセータの機能点検

(直角方向)　　***トウキュウ＝0 ***　　PAGE＝ 3

観測日：****/4/16　　観測時刻：09 H 07 M　　気温＝ 10℃

測器：〇〇〇〇　　No.：〇〇〇〇　　観測者：〇〇〇〇

標尺：〇〇〇〇　　No.：〇〇〇〇　〇〇〇〇

天候：曇　　風力：軟風　　風向：N

No.	a/b	b/a	h	b′/a′	a′/b′	h′
				脚を反転		
水平	1.61287	1.49649	0.11638	1.49932	1.61573	0.11641
		sh=	0.11640			
				脚を反転		
傾斜	1.48370	1.60008	0.11638	1.61341	1.49700	0.11641

観測時刻：09 H 11 M　　気温＝ 10℃

sh= 0.11640　　SH= 0.00000 ✓　平均気温＝ 10.0℃

392898　　(許容範囲　0.3mm) ✓

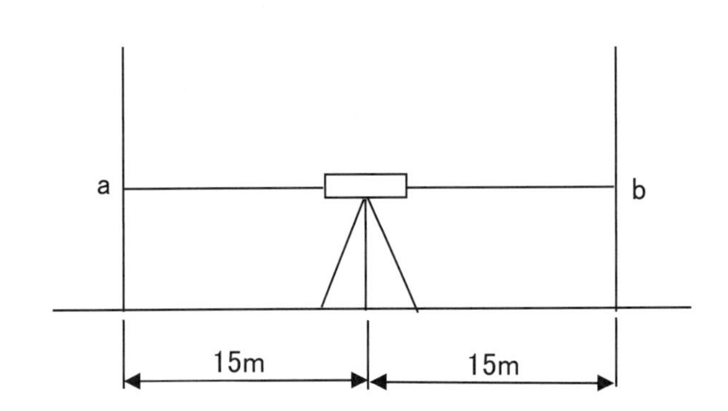

視準方向

コンペンセータ切換え装置のある機種の例

観測者が複数の場合、識別出来るように頭文字等を記入する。

PAGE＝ 1

視準線の点検

*** トウキュウ＝0 ***

観測日：****/04/16　観測時刻：13 H 47 M　気温＝ 23℃
測器：○○○○　No.：○○○　観測者：○○○○
標尺：○○○○　No.：○○○　○○○
天候：曇　風力：軟風　風向：N

No.	コンペンセータ（Ⅰ） a/b	b/a	h	コンペンセータ（Ⅱ） b′/a′	a′/b′	h′
A	1.26371	1.30451	−0.04080	1.30487	1.26400	−0.04087
		sh=	−0.04084			
B	1.39619	1.35586	−0.04033	1.35590	1.39696	−0.04106

観測時刻：13 H 54 M　気温＝ 23℃

sh=　−0.04070　SH=　0.00014✓ 平均気温＝ 23.0℃

538849　（許容範囲　0.3mm）✓

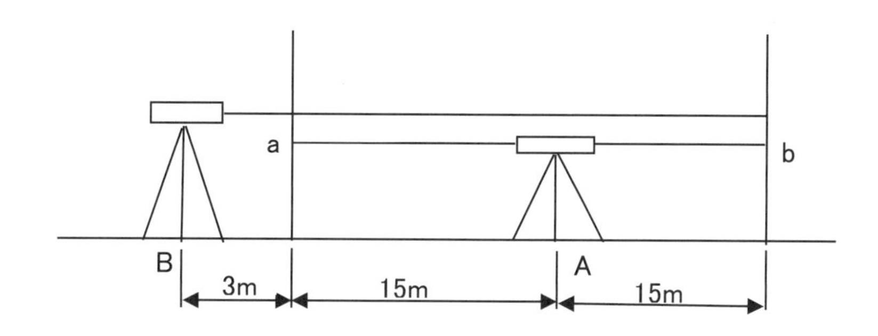

観測者　○○○○
器　械　○○○○
標　尺　○○○○
水準電卓　○○○○

コンペンセータの機能点検

(視準方向) ＊＊＊ トウキュウ＝0 ＊＊＊ PAGE＝ 2

観測日：＊＊＊＊/04/16　観測時刻： 13 H 57 M　気温＝ 23℃

測器：○○○○　No.：○○○　観測者：○○○○

標尺：○○○○　No.：○○○　○○○

天候：曇　風力：軟風　風向：N

No.	コンペンセータ(Ⅰ) a/b	b/a	h	コンペンセータ(Ⅱ) b′/a′	a′/b′	h′
水平	1.29268	1.33359	−0.04091	1.33396	1.29298	−0.04098
		sh=	−0.04095			
傾斜	1.33362	1.29268	−0.04094	1.29293	1.33385	−0.04092

観測時刻： 14 H 03 M　気温＝ 23℃

sh= −0.04093　SH= 0.00002✓ 平均気温＝ 23.0℃

440975　(許容範囲 0.3mm)✓

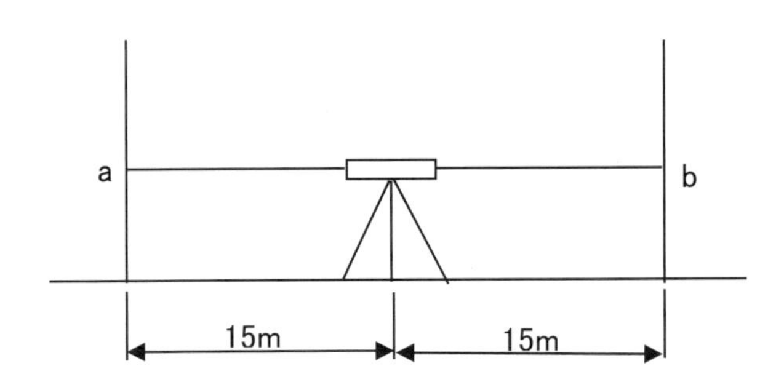

視準方向

コンペンセータの機能点検

(直角方向)　　　　　　　　　　　*** トウキュウ＝0 ***　　　　　　　　　　　PAGE＝ 3

観測日:****/04/16　　　観測時刻: 14 H 04M　　　　　　　気温＝　　23℃

測器:○○○○　　　　　No.:○○○　　　　　　　観測者:○○○○

標尺:○○○○　　　　　No.:○○○　　○○○

天候:曇　　　風力:軟風　　　風向:N

No.	コンペンセータ(Ⅰ) a/b	b/a	h	コンペンセータ(Ⅱ) b′/a′	a′/b′	h′
水平	1.31342	1.35433	−0.04091	1.35463	1.31380	−0.04083
		sh=	−0.04087			
	コンペンセータ(Ⅰ)			コンペンセータ(Ⅱ)		
傾斜	1.35431	1.31342	−0.04089	1.31374	1.35462	−0.04088

観測時刻: 14 H 09 M　　　　　　気温＝　　23℃

sh=　−0.04089　　　SH= −0.00002✓平均気温＝　　23.0℃

392898　　　　　(許容範囲　0.3mm)✓

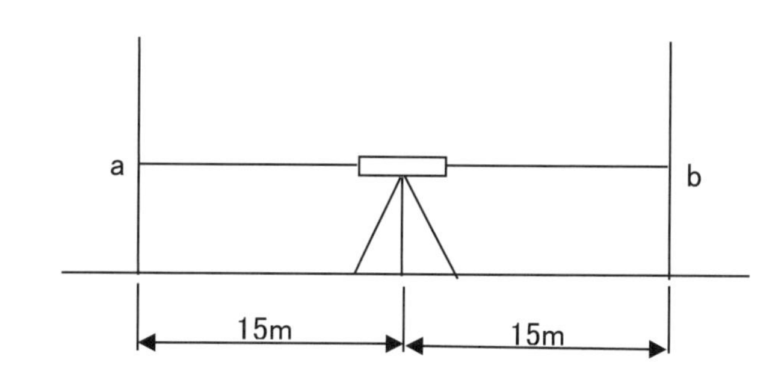

視準方向

C．点検調整（手書き手簿の例）

水準観測手簿

自水準点　NO.　　至水準点　NO.　　（　　）

水準測量簿第一号

番号	距離	方向	左目盛 読取り / X対読	左目盛 X対読 / 読取り	右目盛 読取り / X対読	右目盛 X対読 / 読取り	備考
			視準線誤差の点検調整（調整前）			m	
		後		X		X	****.2.4
		前	X	コンペンセータ（I）	X	コンペンセータ（II）	15h30m〜15h50m
		後	A点 b_1 =	X 1.64210	b_1' =	X 1.64192	曇 軟風 東
		前	X a_1 =	1.19142	X a_1' =	1.19128	観測者
			$b_1 - a_1$ =	+ 0.45068	$b_1' - a_1'$ =	+ 0.45064	○○○○
		後		X		X	測器 ○○○
		前	X		X 平均 =	+ 0.45066	No46001
		後	B点 a_2 =	X 1.80278	a_2' =	X 1.80279	標尺 ○○○
		前	X b_2 =	2.25357	X b_2' =	2.25363	No5460A・B
			$a_2 - b_2$ =	− 0.45079	$a_2' - b_2'$ =	− 0.45084	
		後		X		X	
		前	X		X 平均 =	− 0.45082	
		後		X	（0.16mm 許容範囲内）		
		前	X		X		

次頁より記載事項に変更があれば、その部分のみ記載する。

解説：上記観測手簿（手書き）はコンペンセータ切替え装置のある機種についての点検調整の方法である。観測順序をA点では（a_1、b_1、b_1、a_1）、B点では（a_2、b_2、b_2、a_2）とし、コンペンセータを切替えて観測する。

番号	距離	方向	左目盛 読取り / X対読	左目盛 X対読 / 読取り	右目盛 読取り / X対読	右目盛 X対読 / 読取り
		後		X		X
		前	X		X	
		後		X		X
		前	X		X	
		後		X		X
		前	X		X	
		後		X		X
		前	X			
		後		X		
		前	X			
和		後 / 前		点検		

T_1 = ℃
T_2 = ℃

視準線誤差の点検調整
コンペンセータの機能点検

	読定単位	許容範囲
1級レベル	0.01mm	0.3mm
2級レベル	0.1 mm	0.3mm
3級レベル	1 mm	3 mm

d．コンペンセータの機能点検（手書き手簿の例）

水 準 観 測 手 簿

自水準点　　NO.　　　　　　至水準点　　NO.　　　　（　　）

番号	距離	方向	左目盛 読取り / X対読	左目盛 X対読 / 読取り	右目盛 読取り / X対読	右目盛 X対読 / 読取り	備考
			コンペンセータの機能点検				16h05m～16h15m
		後		X		X	
		前	X	コンペンセータ（I）	X	コンペンセータ（II）	
		後	水平 1	b= X 1.65999		b= X 1.65988	
		前	X	a= 1.20929	X	a= 1.20911	
				b−a= +0.45070		b−a= +0.45077	
		後		X 平均 = +0.45074			
		前	X		X		
			傾斜 2	b= 1.66003		b= 1.65991	
		後		a= X 1.20928		a= X 1.20922	
		前	X	b−a= +0.45075		b−a= +0.45069	
				平均 = +0.45072（0.02mm許容範囲内）			
		後		X		X	
		前	傾斜 3	b= 1.66073	X	b= 1.66067	
				a= 1.20998		a= 1.20991	
		後		b−a= X+0.45075		b−a= X+0.45076	
		前	X	平均 = X+0.45076（0.02mm許容範囲内）			
		後		X		X	
和		前					

水準測量簿第　　号

解　説：上記観測手簿（手書き）は、コンペンセータ　切替え装置のある機種についての機能点検の例である。なお、機能点検は下図の方法により行う。

a
b
15m
15m
視準方向
気泡の位置
1．視準方向に向けて、気泡を中心に合わせ観測する。
2．視準方向に向けたまま、気泡を視準方向に移動させて観測する。
3．視準方向に向けたまま、気泡を直角方向に移動させて観測する。

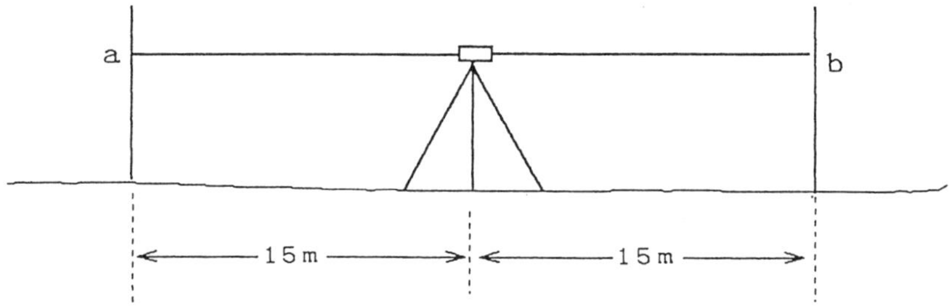

°C
T_2 =　　°C
T =　　°C

自水準点 NO.　　　　　至水準点 NO.　　　　（　）＝ −　　m

（　）＝ S.P.

e. 電子レベルによる観測手簿

平均図の矢印(→)方向の観測を往観測(Ⅰ)、その逆を復観測(Ⅱ)とする。

*** トウキュウ＝1 ***　　　　PAGE＝ 4

ｼﾞﾅﾝﾊﾞｰ 2200　ｲﾀﾙﾅﾝﾊﾞｰ 1115 (Ⅱ)
観測日:****/4/16　観測時刻: 09 H 13 M　気温＝ 10℃
測器:○○○○　No.:○○○○　観測者:○○○○
標尺:○○○○　No.:○○○○ ○○○○
天候:曇　風力:軟風　風向:N

No.	ｷｮﾘ	B1	F1	h1	F2	B2	h2	n
1	25	1.6677	1.4572	0.2105	1.4573	1.6677	0.2104	1
2	37	1.5566	1.5517	0.0049	1.5517	1.5565	0.0048	1
3	37	1.4462	1.5756	−0.1294	1.5755	1.4463	−0.1292	1
4	38	1.3686	1.5411	−0.1725	1.5410	1.3686	−0.1724	1
5	36	1.3558	1.3429	0.0129	1.3428	1.3559	0.0131	1
6	38	1.5052	1.4277	0.0775	1.4278	1.5051	0.0773	1
7	36	1.5283	1.5101	0.0182	1.5100	1.5285	0.0185	1
8	18	1.4269	1.5405	−0.1136	1.5404	1.4269	−0.1135	1
9	13	1.4664	1.5421	−0.0757	1.5420	1.4664	−0.0756	1
10	14	1.4581	1.6477	−0.1896	1.6477	1.4580	−0.1897	1

ｼﾞﾅﾝﾊﾞｰ 2200　ｲﾀﾙﾅﾝﾊﾞｰ 1115　09 H 37 M　12℃
ｺﾃｲﾅﾝﾊﾞ-1　sd=292　SD＝292　sh=−0.3566　SH=−0.3566　平均気温＝ 11.0℃

No.	ｷｮﾘ	B1	F1	h1	F2	B2	h2	n
11	38	1.6583	1.3270	0.3313	1.3268	1.6583	0.3315	1
12	37	1.5506	1.7176	−0.1670	1.7176	1.5505	−0.1671	1
13	37	1.2904	1.6378	−0.3474	1.6378	1.2905	−0.3473	1
14	36	1.5475	1.2773	0.2702	1.2773	1.5474	0.2701	1
15	38	1.3417	1.1225	0.2192	1.1225	1.3416	0.2191	1
16	33	2.0618	1.2695	0.7923	1.2695	2.0618	0.7923	1
17	13	1.4663	1.2972	0.1691	1.2972	1.4663	0.1691	1
18	18	1.4574	2.1393	−0.6819	2.1393	1.4575	−0.6818	1

ｼﾞﾅﾝﾊﾞｰ 2200　ｲﾀﾙﾅﾝﾊﾞｰ 1115　09 H 59 M　14℃
sd=250　SD＝542　sh=0.5859　SH=0.2293　平均気温＝ 12.0℃

324428　S2＝　T2=
SS＝　MT=

(Ⅰ)＝S.P.5 ✓

観測の実施

- 最大視準距離及び標尺目盛の読定単位は、水準測量の区分による。
- 観測は1視準1読定とし、往復観測を行う。
- 標尺は2本1組とし、往観測と復観測で標尺を交換する。
- 標尺とレベルの関係は、両標尺までの視準距離を等しくし、両標尺を結ぶ直線上にレベルを整置する。
- レベルの三脚は、特定の2脚と視準線とを常に平行にし、進行方向に対して左右交互に整置する。
- レベルの整準は、望遠鏡を特定の標尺に向けて行う。早く測定したいがために、望遠鏡を常に後視の標尺に向けて整準しないように注意する。
- 水準点から固定点、固定点から固定点の測点数は偶数とする。
- 温度計は、十分外気にさらしてから測定する。
- 1級水準測量では、標尺の下方20cm以下を読定しない。電子レベルでは、望遠鏡の視野範囲がメーカーによって定められているため、仕様に従う。

手簿の記入

- 手簿に記入した読定値は、絶対に訂正してはならない。
- 誤記・誤読等の場合は、その測点の観測を全てやり直して、その結果を次の欄に記入する。
- 読定値以外の訂正は、旧の数値等が分かるように抹消し、その上欄に正しい数値等を記入する。

往観測（Ⅰ）の最終ページ欄外上段に、往復の観測比高及び較差を記入する。

	-0.4 ✓		-0.2 ✓	-0.6 ✓
1115	-0.5863 ✓ / +0.5859 ✓	(1)	+0.3564 ✓ / -0.3566 ✓	2200

往観測

*** トウキュウ＝1 *** PAGE＝ 5

ｼﾞﾅﾝﾊﾞｰ 1115 ｲﾀﾙﾅﾝﾊﾞｰ 2200 （Ⅰ）

観測日：****/4/16 観測時刻：10 H 00 M 気温＝ 14℃

測器：○○○○ No.：○○○○ 観測者：○○○○

標尺：○○○○ No.：○○○○ ○○○○

天候：曇 風力：軟風 風向：N

No.	ｷｮﾘ	B1	F1	h1	F2	B2	h2	n
1	17	2.2275	1.5452	0.6823	1.5452	2.2275	0.6823	1
ｷｬｸ	13	1.3400						1
2	13	1.3401	1.5074	−0.1673	1.5074	1.3400	−0.1674	1
3	33	1.2579	2.0535	−0.7956	2.0535	1.2577	−0.7958	1
4	38	1.1178	1.3346	−0.2168	1.3346	1.1179	−0.2167	1
5	37	1.2640	1.5357	−0.2717	1.5359	1.2640	−0.2719	1
6	37	1.6533	1.3046	0.3487	1.3048	1.6534	0.3486	1
7	37	1.7004	1.5349	0.1655	1.5350	1.7005	0.1655	1
8	38	1.3392	1.6704	−0.3312	1.6705	1.3394	−0.3311	1

ｼﾞﾅﾝﾊﾞｰ 1115 ｲﾀﾙﾅﾝﾊﾞｰ 2200 10 H 25 M 15℃

ｺﾃｲﾅﾝﾊﾞｰ1 sd=250 SD＝250 sh=−0.5863 SH=−0.5863 平均気温＝ 14.5℃

No.	ｷｮﾘ	B1	F1	h1	F2	B2	h2	n
9	13	1.6448	1.4569	0.1879	1.4568	1.6447	0.1879	1
10	13	1.5566	1.4783	0.0783	1.4783	1.5566	0.0783	1
11	18	1.5236	1.4120	0.1116	1.4121	1.5236	0.1115	1
12	36	1.5092	1.5265	−0.0173	1.5263	1.5092	−0.0171	1
13	38	1.4245	1.5031	−0.0786	1.5031	1.4244	−0.0787	1
14	36	1.3491	1.3590	−0.0099	1.3590	1.3494	−0.0096	1
15	38	1.5294	1.3598	0.1696	1.3598	1.5293	0.1695	1
16	37	1.5848	1.4543	0.1305	1.4542	1.5849	0.1307	1
17	38	1.5526	1.5579	−0.0053	1.5581	1.5525	−0.0056	1
18	24	1.4725	1.6829	−0.2104	1.6828	1.4724	−0.2104	1

ｼﾞﾅﾝﾊﾞｰ 1115 ｲﾀﾙﾅﾝﾊﾞｰ 2200 10 H 47 M 15℃

sd=291 SD＝541 sh=0.3564 SH=−0.2299 平均気温＝ 14.7℃

617964 S2＝542 ✓ T2= 12.0℃ ✓

SS＝1,083 ✓ MT= 13.4℃ ✓

（Ⅱ）＝S.P.4 ✓

許容範囲

	往復観測の較差	（検測：片道観測） 前回の観測高低差との較差	又は測量成果の高低差との較差
1級水準測量	2.5mm √Skm	2.5mm √Skm	15mm √Skm
2級水準測量	5mm √Skm	5mm √Skm	15mm √Skm
3級水準測量	10mm √Skm	-------	------
4級水準測量	20mm √Skm	-------	------

＊Sは観測距離（片道、km単位）

点検測量

*** トウキュウ＝1 ***　　　　PAGE＝33

ｼﾞﾅﾝﾊﾞｰ　2200　ｲﾀﾙﾅﾝﾊﾞｰ　2201　（Ⅰ）

観測日：****/5/20　観測時刻：09 H 40M　気温＝　13.0℃

測器：○○○○　No.：○○○○　観測者：○○○○

標尺：○○○○　No.：○○○○　○○○○

天候：晴　風力：無風　風向：

No.	ｷｮﾘ	B1	F1	h1	F2	B2	h2	n
1	23	1.3718	1.6586	−0.2868	1.6586	1.3717	−0.2869	1
2	20	1.2884	1.5218	−0.2334	1.5218	1.2883	−0.2335	1
3	25	1.5319	0.5843	0.9476	0.5844	1.5319	0.9475	1
4	14	2.2558	1.4307	0.8251	1.4307	2.2558	0.8251	1
5	18	1.3849	2.4773	−1.0924	2.4773	1.3849	−1.0924	1
6	18	0.8655	1.6187	−0.7532	1.6187	0.8654	−0.7533	1
7	28	1.3242	1.6142	−0.2900	1.6142	1.3242	−0.2900	1
8	21	1.3801	1.5407	−0.1606	1.5407	1.3800	−0.1607	1

ｼﾞﾅﾝﾊﾞｰ　2200　ｲﾀﾙﾅﾝﾊﾞｰ　2201　10 H 09 M　14.0℃

ｺﾃｲﾅﾝﾊﾞ-1　sd=167　SD＝167　sh=−1.0440　SH=−1.0440　平均気温＝　13.5℃

No.	ｷｮﾘ	B1	F1	h1	F2	B2	h2	n
ｷｬｸ	26	1.3085	1.3919					1
9	25	1.3742	1.4572	−0.0830	1.4572	1.3742	−0.0830	1
10	28	1.4935	1.3760	0.1175	1.3760	1.4935	0.1175	1
11	26	1.6858	1.4394	0.2464	1.4394	1.6857	0.2463	1
12	22	1.6735	1.1747	0.4988	1.1747	1.6735	0.4988	1
13	16	1.6780	1.1138	0.5642	1.1138	1.6781	0.5643	1
14	9	2.2522	0.7857	1.4665	0.7857	2.2522	1.4665	1
15	8	2.2409	0.6895	1.5514	0.6895	2.2409	1.5514	1
16	4	1.8326	1.0453	0.7873	1.0453	1.8326	0.7873	1
17	8	2.0491	1.1154	0.9337	1.1154	2.0491	0.9337	1
18	6	1.5661	1.3636	0.2025	1.3636	1.5661	0.2025	1

ｼﾞﾅﾝﾊﾞｰ　2200　ｲﾀﾙﾅﾝﾊﾞｰ　2201　10 H 41M　14.0℃

sd=152　SD＝319　sh=6.2853　SH=5.2413　平均気温＝　13.7℃

158626　S2＝　T2=

SS＝　MT=

（ ）＝S.P.

区間	点検値	採用値	差
2200 Ⅰ	+5.2413 ✓	+5.2410 ✓	
Ⅱ		−5.2411 ✓	
∫	+14℃ 0 ✓	+12℃ 0 ✓	
2201	+5.2413 ✓	+5.2411 ✓	+0.2mm ✓

採用値S.P.25

改正数(20℃) 0.8μm/m
膨張係数 0.69 ppm/℃

- 点検測量は、所定の観測を終了し、点検結果がすべて許容範囲内にあることを確認した後で行う。
- 点検測量率は、観測距離の5%（往復観測）を標準とされているが、点検区間を多くするため片道観測で観測距離の10%を実施する場合もある。

f. 自動レベルによる観測手簿（距離補正をする例）

	-0.4		+0.1		-0.8	-1.1
2801	-2.0793 / +2.0789	(1)	-5.4465 / +5.4466	(2)	-0.1189 / +0.1181	2200

１級水準測量観測　PAGE＝20

自水準点No.　2801　至水準点No.　2200　（Ⅰ）

観測日:****/05/15　観測時刻: 10 H 26 M　気温＝　22℃

測器:○○○○　No.:○○○　観測者:○○○○

標尺:○○○○　No.:○○○　○○○

天候:晴　風力:軟風　風向:S

No.	距離	BL	FL	hL	FR	BR	hR	n
1	4	1.8164	1.2637	0.5527	4.2792	4.8321	0.5529	K
2	12	1.5422	1.2832	0.2590	4.2988	4.5578	0.2590	K
3	31	1.1901	1.5788	−0.3887	4.5945	4.2058	−0.3887	K
4	29	0.9820	1.5186	−0.5366	4.5345	3.9978	−0.5367	K
5	23	1.0274	1.4823	−0.4549	4.4982	4.0433	−0.4549	K
6	29	0.9672	1.6379	−0.6707	4.6540	3.9829	−0.6711	K
7	30	0.9912	1.6247	−0.6335	4.6406	4.0072	−0.6334	K
8	20	1.3866	1.4206	−0.0340	4.4364	4.4022	−0.0342	K
9	17	1.1222	1.1676	−0.0454	4.1832	4.1380	−0.0452	K
10	20	1.2735	1.4006	−0.1271	4.4163	4.2893	−0.1270	K
自水準点No.		2801	至水準点No.		2200		10 H 55 M	21℃
固定点No. 1		sd=215	SD＝215	sh=−2.0793	SH=−2.0793		平均気温＝	21.5℃
11	23	1.4098	1.3602	0.0496	4.3760	4.4254	0.0494	K
12	29	1.3026	1.5778	−0.2752	4.5936	4.3185	−0.2751	K
13	29	1.1807	1.6887	−0.5080	4.7048	4.1968	−0.5080	K
14	30	0.9037	1.9608	−1.0571	4.9770	3.9198	−1.0572	K
15	30	0.7381	1.8265	−1.0884	4.8425	3.7544	−1.0881	K
16	30	0.9892	1.5342	−0.5450	4.5503	4.0052	−0.5451	K
17	31	1.2101	1.3216	−0.1115	4.3376	4.2261	−0.1115	K
18	29	1.2787	1.4326	−0.1539	4.4485	4.2945	−0.1540	K
19	29	0.8895	1.9938	−1.1043	5.0100	3.9054	−1.1046	K
20	14	1.0926	1.5036	−0.4110	4.5194	4.1083	−0.4111	K
21	10	1.3326	1.4126	−0.0800	4.4282	4.3483	−0.0799	K
22	14	1.3089	1.4704	−0.1615	4.4861	4.3246	−0.1615	K
自水準点No.		2801	至水準点No.		2200		11 H 32 M	20℃
固定点No. 2		sd=298	SD＝513	sh=−5.4465	SH=−7.5258		平均気温＝	21.0℃
23	22	1.3211	1.5228	−0.2017	4.5387	4.3372	−0.2015	K
24	31	1.1796	1.3960	−0.2164	4.4122	4.1954	−0.2168	K
25	29	1.3506	1.4614	−0.1108	4.4776	4.3666	−0.1110	K
26	22	1.5848	0.8455	0.7393	3.8615	4.6007	0.7392	K
27	30	0.9760	1.9588	−0.9828	4.9748	3.9921	−0.9827	K
28	21	1.5665	1.2095	0.3570	4.2253	4.5823	0.3570	K
29	15	1.3978	1.1883	0.2095	4.2039	4.4134	0.2095	K
30	9	1.4846	1.3972	0.0874	4.4130	4.5000	0.0870	K
自水準点No.		2801	至水準点No.		2200		11 H 57M	24℃
		sd=179	SD＝692	sh=−0.1189	SH=−7.6447		平均気温＝	21.8℃

678801　S2＝　T2=　24.0℃

SS＝　MT=　22.9℃

加定数の補正	692	SD=	700	（Ⅱ）＝S.P.21
測点数30×0.25=	8	S2=	700	
	700	SS=	1,400	

距離を補正する場合は、自動レベルの機種に対応した適正なスタジア加定数を用いて、測点数に乗じて補正する。

1級水準測量観測　　　PAGE＝21

自水準点No.　2200　至水準点No.　2801　（Ⅱ）

観測日：****/05/15　観測時刻：12 H 32 M　気温＝　24℃

測器：○○○○　No.：○○○　観測者：○○○○

標尺：○○○○　No.：○○○　○○○

天候：晴　風力：軟風　風向：S

No.	距離	BL	FL	hL	FR	BR	hR	n
1	9	1.3605	1.4485	−0.0880	4.4641	4.3762	−0.0879	K
2	15	1.1806	1.3867	−0.2061	4.4022	4.1966	−0.2056	K
3	21	1.1994	1.5596	−0.3602	4.5755	4.2153	−0.3602	K
4	30	1.9763	0.9939	0.9824	4.0100	4.9924	0.9824	K
5	22	0.8456	1.5451	−0.6995	4.5608	3.8612	−0.6996	K
6	29	1.3901	1.3218	0.0683	4.3379	4.4062	0.0683	K
7	31	1.3904	1.1749	0.2155	4.1907	4.4063	0.2156	K
8	22	1.5163	1.3110	0.2053	4.3268	4.5323	0.2055	K

自水準点No.　2200　至水準点No.　2801　12 H 54 M　22℃

固定点No. 2　sd=179　SD＝179　sh=0.1181　SH=0.1181　平均気温＝　23.0℃

No.	距離	BL	FL	hL	FR	BR	hR	n
9	14	1.4713	1.3065	0.1648	4.3222	4.4870	0.1648	K
10	10	1.3764	1.2949	0.0815	4.3105	4.3921	0.0816	K
11	14	1.5076	1.1040	0.4036	4.1198	4.5233	0.4035	K
12	29	1.9963	0.8835	1.1128	3.8999	5.0123	1.1124	K
13	29	1.3866	1.2381	0.1485	4.2541	4.4024	0.1483	K
14	31	1.3196	1.2128	0.1068	4.2291	4.3355	0.1064	K
15	30	1.5381	0.9874	0.5507	4.0032	4.5538	0.5506	K
16	30	1.8212	0.7345	1.0867	3.7504	4.8371	1.0867	K
17	30	1.9449	0.8861	1.0588	3.9023	4.9606	1.0583	K
18	29	1.6589	1.1430	0.5159	4.1590	4.6747	0.5157	K
19	29	1.5684	1.3034	0.2650	4.3196	4.5844	0.2648	K
20	23	1.3369	1.3845	−0.0476	4.4002	4.3528	−0.0474	K

自水準点No.　2200　至水準点No.　2801　13 H 31 M　23℃

固定点No. 1　sd=298　SD＝477　sh=5.4466　SH=5.5647　平均気温＝　23.0℃

No.	距離	BL	FL	hL	FR	BR	hR	n
21	20	1.4158	1.2902	0.1256	4.3060	4.4315	0.1255	K
22	17	1.1902	1.1453	0.0449	4.1610	4.2061	0.0451	K
ｺﾄｸ	20	1.3691	1.3318		4.3579	4.3848		K
23	20	1.3812	1.3440	0.0372	4.3600	4.3970	0.0370	K
24	30	1.6293	0.9999	0.6294	4.0157	4.6455	0.6298	K
25	29	1.6371	0.9631	0.6740	3.9789	4.6529	0.6740	K
26	23	1.4633	1.0113	0.4520	4.0273	4.4791	0.4518	K
27	29	1.5172	0.9782	0.5390	3.9941	4.5331	0.5390	K
28	31	1.5853	1.1967	0.3886	4.2126	4.6016	0.3890	K
29	12	1.3112	1.5695	−0.2583	4.5853	4.3269	−0.2584	K
30	4	1.2641	1.8179	−0.5538	4.8334	4.2797	−0.5537	K

自水準点No.　2200　至水準点No.　2801　13 H 57M　27℃

sd=215　SD＝692　sh=2.0789　SH=7.6436　平均気温＝　24.0℃

325056　S2＝　T2=

SS＝　MT=

加定数の補正　692 ✓

測点数30×0.25=　8 ✓

700 ✓

（I）＝S.P.20 ✓

（参考資料）

〇〇年〇〇月〇〇日

株式会社　〇〇〇〇〇　殿

〇〇〇〇〇　株式会社
東京都〇〇区〇〇〇〇

ＮＩ００２/ＮＩ００２Ａのスタジア乗数と加数は、下記の通りであることを証明いたします。

機　　種	ＮＩ００２	ＮＩ００２Ａ
スタジア乗数	100（±1%）	100（±1%）
スタジア加数	+0.4m（40 cm）	+0.25m（25 cm）

別紙　ＮＩ００２/ＮＩ００２Ａの技術仕様書添付。

g．スタジア加定数を有する機種の例

水準観測手簿

自水準点 NO. 263　　至水準点 NO. 264 （Ⅰ）

番号	距離	方向	左目盛 読取り / X対読	左目盛 X対読 / 読取り	右目盛 読取り / X対読	右目盛 X対読 / 読取り	備考
			m	m	m	m	263
1	1 / 37	後	1.0102	X 8.9898	4.0256	X 5.9744	
		前	X 7.5386	2.4614	X 4.5230	5.4770	7/6
	-1		X 8.5488	1.4512	X 8.5486	1.4514	8h 20m
2	22	後	0.3848	X 9.6152	3.4008	X 6.5996	
		前	X 7.1299	2.8701	X 4.1146	5.8854	晴和風南
	-2		X 6.0635	3.9365	X 6.0636	3.9364	22°C
3	17	後	0.2446	X 9.7554	3.2601	X 6.7399	
		前	X 7.0413	2.9587	X 4.0259	5.9741	
	-2		X 3.3494	6.6506	X 3.3496	6.6504	
4	16	後	0.2420	X 9.7580	3.2575	X 6.7425	
		前	X 7.2198	2.7802	X 4.2044	5.7956	
	1		X 0.8112	9.1888	X 0.8115	9.1885	
5	39	後	0.2832	X 9.7168	3.2988	X 6.7012	
		前	X 7.1962	2.8038	X 4.1806	5.8194	
			X 88.2976	11.7094	X 88.2909	11.7091	
6	28	後	0.2976	X 9.7024	3.3132	X 6.6868	
		前	X 7.2842	2.7158	X 4.2690	5.7310	
			X 85.8724	14.1276	X 85.8731	14.1269	
7	30	後	0.3494	X 9.6506	3.3650	X 6.6350	
		前	X 7.2528	2.7472	X 4.2372	5.7628	9h 00m
	-2		X 83.4746	16.5254	X 83.4753	16.5247	23°C
8	7	後	0.4544	X 9.5456	3.4699	X 6.5301	
Ⅰ	191	前	X 7.8582	2.1418	X 4.8427	5.1573	264
Ⅱ	192 ∥		X 81.7872 ∥	18.2128 ∥	X 81.7879 ∥	18.2121 ∥	
	383	後	,	X ,	,	X ,	
		前	X ,	,	X ,	,	
			,	,	,	,	
		後	,	X ,	,	X ,	
		前	X ,	,	X ,	,	
			注1　距離の欄は、上段にスタジア補正量，下段に生のスタジア距離				
		後	2　距離の累計は、補正量を加えた数値	X ,	,	X ,	
		前	X ,	,	X ,	,	
			,	,	,	,	
		後	,	X ,	,	X ,	
		前	X ,	,	X ,	,	
和		後	3.2662 ∥	点検	27.3905 ∥		T_1 = 23°C ∥
		前	21.4790 ∥	18.2128 ∥	45.6026 ∥	18.2121 ∥	T_2 = 24°C ∥

自水準点 NO. 263　　至水準点 NO. 264　　（Ⅰ）＝ － 18.2125 m ∥　　T ＝ 24°C ∥

（Ⅱ）＝ S.P. ○ ○

この例は、ウイルドＮ３（新型）で観測したときの距離補正である。
ウイルドＮ３（新型）距離補正表は、器械（測器番号）ごとに固有である。

（参考資料）

ウイルドN3　距離補正表
（新型）

読定距離	補正値
m	m
～１８	－２
１９ ～ ２６	－１
２７ ～ ３３	０
３４ ～ ４０	＋１
４１ ～ ４６	＋２
４７ ～ ５０	＋３

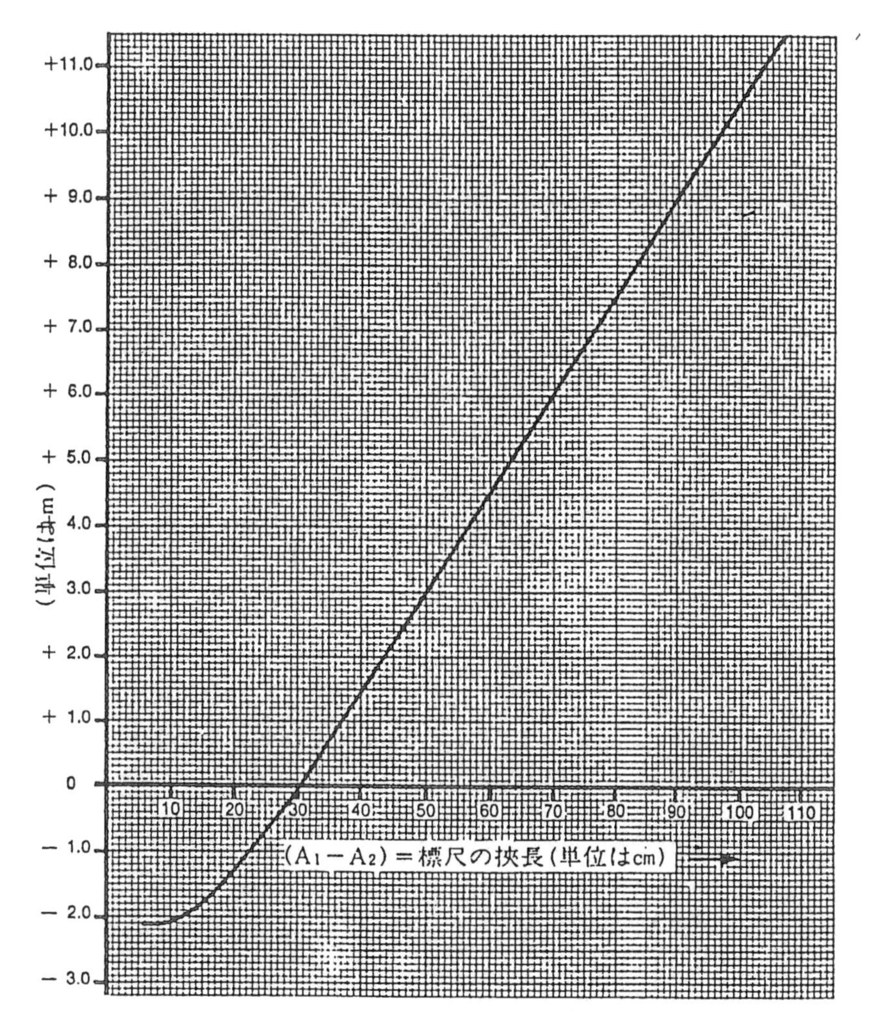

グラフ２　：望遠鏡はアナラクチック式ではありません。標尺の挟長（A_1-A_2）を使って、補正値Kを求めるためグラフに記入して下さい。
別離$D=100(A_1-A_2)+K$

実例：　$A_1-A_2=52.5$cm
$100(A_1-A_2)=52.5$m
$K=+3.4$m
$D=55.9$m

h. 固定点で観測を終了する例

水　準　観　測　手　簿

自水準点　NO. 141　　至水準点　NO. 142　(I)

番号	距離	方向	左目盛 読取り / X対読	左目盛 X対読 / 読取り	右目盛 読取り / X対読	右目盛 X対読 / 読取り	備考
			m	m	m	m	141
1	47	後	1.2094	X 2.1906	4.2251	X 5.1749	7/4
		前	X 2.8790	1.1210	X 5.8635	4.1365	
			0.6884	X 9.3116	0.6886	X 9.3114	15h01m
2	48	後	1.1692	X 2.8308	4.1850	X 5.8150	
		前	X 2.7037	1.2963	X 5.6879	4.3121	小雨軟風西
			0.5613	X 9.4387	0.5615	X 9.4385	20°C
3	49	後	1.7573	X 2.2427	4.7728	X 5.2272	
		前	X 2.7725	1.2275	X 5.7623	4.2377	
			1.0961	X 8.9039	1.0966	X 8.9034	
4	49	後	1.7187	X 2.2813	4.7344	X 5.2656	
		前	X 9.0442	0.9558	X 6.0288	3.9712	
			1.8590	X 8.1410	1.8598	X 8.1402	
5	49	後	2.1037	X 7.8963	5.1195	X 4.8805	
		前	X 8.9690	1.0310	X 5.9533	4.0467	
			7.9317	X 2.0683	7.9326	X 2.0674	
6	49	後	2.2698	X 7.7302	5.2853	X 4.7147	
		前	X 9.4375	0.5625	X 6.4721	3.5279	
			4.6390	X 5.3610	4.6400	X 5.3600	
7	48	後	1.9101	X 8.0899	4.9259	X 5.0741	
		前	X 8.6942	1.3058	X 5.6787	4.3213	
			5.2433	X 4.7567	5.2446	X 4.7554	
8	43	後	1.5116	X 8.4884	4.5270	X 5.4730	20°C
		前	X 8.4899	1.5101	X 5.4743	4.5257	…(1)
			5.2448	X 4.7552	5.2459	X 4.7541	+ 5.24544✓
9	48	後	1.8789	X 8.1211	4.8944	X 5.1056	
		前	X 8.6536	1.3464	X 5.6382	4.3618	
			5.7773	X 4.2227	5.7785	X 4.2215	
10	48	後	1.8221	X 8.1779	4.8379	X 5.1621	
		前	X 8.4746	1.5254	X 5.4590	4.5410	
			6.0740	X 3.9260	6.0754	X 3.9246	
11	49	後	2.1488	X 7.8512	5.1441	X 4.8559	
		前	X 9.3243	0.6757	X 6.3086	3.6914	
			7.5471	X 2.4529	7.5481	X 2.4519	
12	49	後	2.4098	X 7.5902	5.4254	X 4.5746	
		前	X 9.5769	0.4231	X 6.5613	3.4387	
			9.5338✓	X 0.4662✓	9.5348✓	X 0.4652✓	
和	576	後	22.5094✓	点検	58.6968✓		$T_1 =$ °C
		前	12.9756✓ +	9.5338✓	49.1620✓ +	9.5348✓	$T_2 =$ °C

自水準点 NO.　　至水準点 NO.　　(　)= －　m　　T = °C

(　)= S.P.

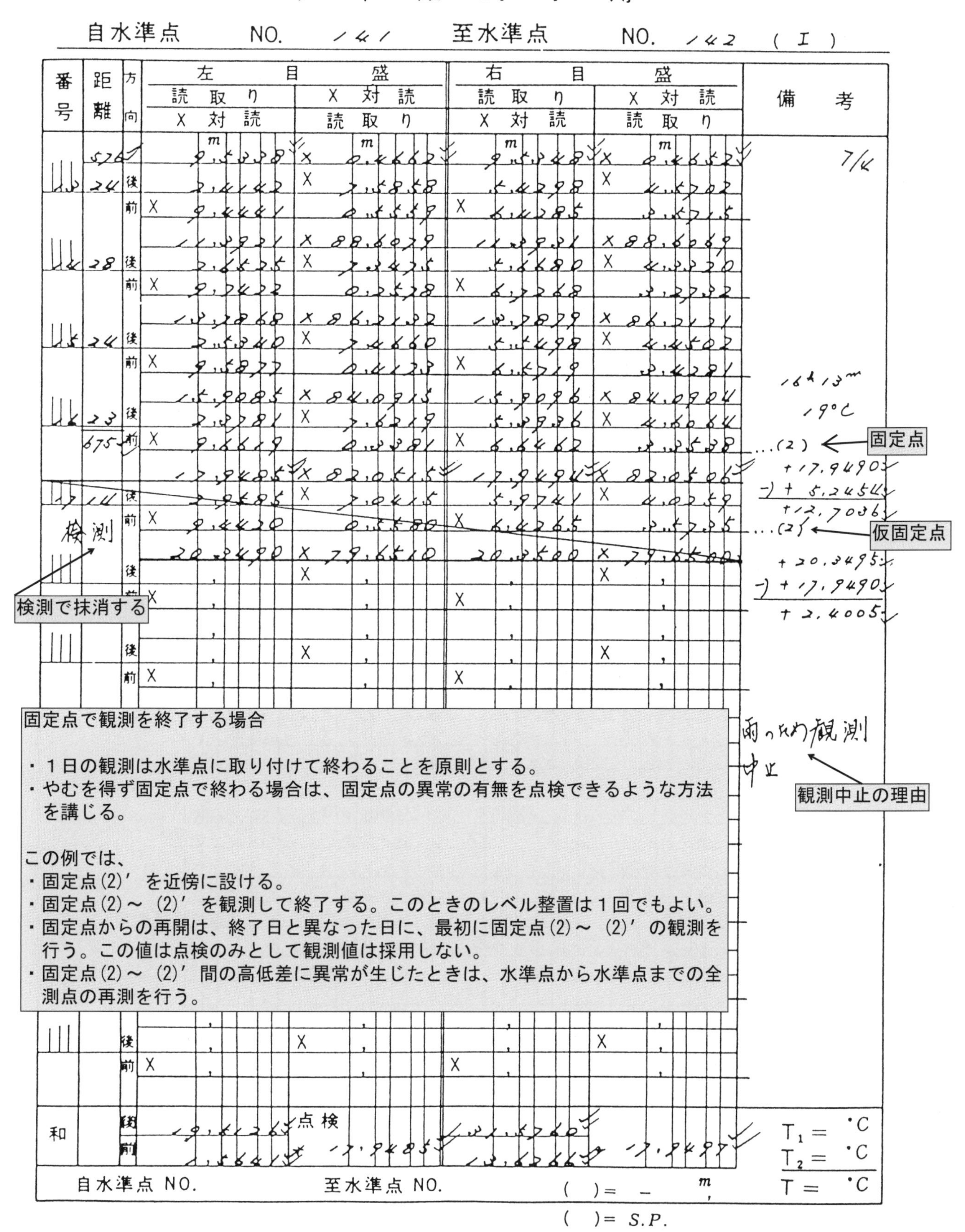

水 準 観 測 手 簿

自水準点 NO. 141 至水準点 NO. 142 （Ⅰ）

番号	距離	方向	左目盛 読取り / X対読	左目盛 X対読 / 読取り	右目盛 読取り / X対読	右目盛 X対読 / 読取り	備考

固定点で観測を終了する場合

・1日の観測は水準点に取り付けて終わることを原則とする。
・やむを得ず固定点で終わる場合は、固定点の異常の有無を点検できるような方法を講じる。

この例では、
・固定点(2)′を近傍に設ける。
・固定点(2)～(2)′を観測して終了する。このときのレベル整置は1回でもよい。
・固定点からの再開は、終了日と異なった日に、最初に固定点(2)～(2)′の観測を行う。この値は点検のみとして観測値は採用しない。
・固定点(2)～(2)′間の高低差に異常が生じたときは、水準点から水準点までの全測点の再測を行う。

i．固定点から出発する例

142

水　準　観　測　手　簿

自水準点　NO.　141　　至水準点　NO.　142　（Ⅰ）

番号	距離	方向	左目盛 読取り / X対読	左目盛 X対読 / 読取り	右目盛 読取り / X対読	右目盛 X対読 / 読取り	備考
			m	m	m	m	固定点 …(2)　18°C
~~14~~	~~14~~	後	~~2.8624~~	X ~~7.1376~~	~~5.8780~~	X ~~4.1220~~	7/5 曇 無風
	検測	前	X ~~9.5379~~	~~0.4621~~	X ~~6.5223~~	~~3.4777~~	仮固定点 …(2)'　9h15m
			~~2.4003~~	x ~~7.5997~~	~~2.4003~~	x ~~7.5997~~	+2.4003 ✓
		後	.	X .	.	X .	この高低差を点検する。観測値は採用しない。
	~~675~~	前	X .	.	X .	.	…(2)
			17.9485 ✓	82.0515 ✓	17.9494 ✓	x 82.0506 ✓	
17	20	後	2.3833	X 7.6167	5.3988	X 4.6012	
		前	X 9.2970	0.7030	X 6.2816	3.7184	
			19.6288	x 80.3712	19.6298	x 80.3702	
18	18	後	2.8379	X 7.1621	5.8535	X 4.1465	
		前	X 9.7267	0.2733	X 6.7112	3.2888	
			22.1934	x 77.8066	22.1945	x 77.8055	
19	30	後	2.9496	X 7.0504	5.9653	X 4.0347	
		前	X 9.3612	0.6388	X 6.3456	3.6544	
			24.5042	x 75.4958	24.5054	x 75.4946	
20	16	後	2.3745	X 7.6255	5.3900	X 4.6100	
		前	X 9.5317	0.4683	X 6.5161	3.4839	
			26.4104	x 73.5896	26.4115	x 73.5885	
21	20	後	2.5847	X 7.4153	5.6004	X 4.3996	
		前	X 9.5765	0.4235	X 6.5609	3.4391	
			28.5716	x 71.4284	28.5728	x 71.4272	
22	23	後	2.7929	X 7.2071	5.8085	X 4.1915	
		前	X 9.7276	0.2724	X 6.7118	3.2882	
			31.0921	x 68.9079	31.0931	x 68.9069	
23	21	後	2.5697	X 7.4303	5.5854	X 4.4146	
		前	X 9.5806	0.4194	X 6.5648	3.4352	10h01m　19°C
24	27	後	2.3286	X 7.6714	5.3440	X 4.6560	
	I = 850 I' = 855	前	X 9.2471	0.7529	X 6.2317	3.7683	.142
			34.8181 ✓	x 65.1819 ✓	34.8190 ✓	x 65.1810 ✓	+34.8186 ✓ −) +17.9490 ✓ +16.8696 ✓
	1,705	後	.	X .	.	X .	
		前	X .	.	X .	.	
		後	.	X .	.	X .	
		前	X .	.	X .	.	
和		後	38.2897 ✓	点検	63.9153 ✓		T_1 = 19°C ✓
		前	3.4716 ✓	+ 34.8181 ✓	29.0963 ✓	+ 34.8190 ✓	T_2 = 20°C ✓

自水準点 NO.　141　　至水準点 NO.　142　（Ⅰ）＝　＋　34.8186 m ✓　T = 20°C ✓

（Ⅱ）＝ S.P.　○○

固定点

仮固定点

検測で抹消する

この高低差を点検する。
観測値は採用しない。

j. 地盤沈下調査水準測量の例

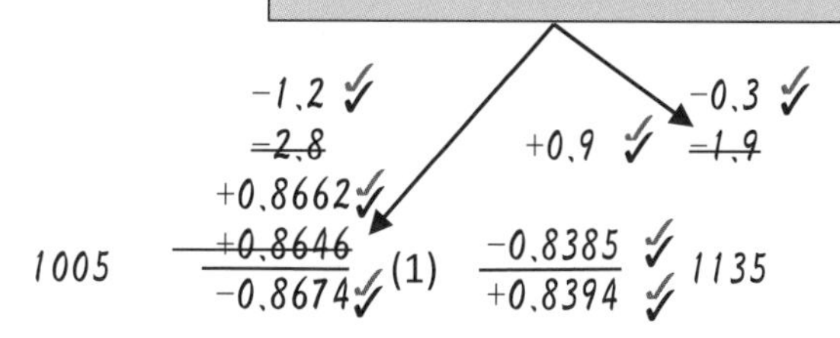

1級水準測量観測　　PAGE＝25

自水準点No.　1005　至水準点No.　1135　（Ⅰ）

観測日：****/1/21　観測時刻：11 H28 M　気温＝ 8.0℃

測器：○○○○　No.：○○○○　観測者：○○○○

標尺：○○○○　No.：○○○○　○○○○

天候：晴　風力：無風　風向：

No.	距離	B1	F1	h1	F2	B2	h2
1	27	~~1.7658~~	~~1.4346~~	~~0.3312~~	~~4.4489~~	~~4.7802~~	~~0.3313~~
2	7	~~1.3589~~	~~1.3978~~	~~−0.0389~~	~~4.4087~~	~~4.3701~~	~~−0.0386~~
3	47	~~1.6053~~	~~0.9821~~	~~0.6232~~	~~3.9900~~	~~4.6134~~	~~0.6234~~
	48	~~1.1042~~	~~1.3750~~	~~−0.2708~~	~~4.3826~~	~~4.1118~~	~~−0.2708~~
	49	~~1.4853~~	~~1.3336~~	~~0.1517~~	~~4.3408~~	~~4.4931~~	~~0.1523~~
	49	~~1.4653~~	~~1.3589~~	~~0.1064~~	~~4.3664~~	~~4.4730~~	~~0.1066~~
	49	~~1.5171~~	~~1.3754~~	~~0.1417~~	~~4.3826~~	~~4.5247~~	~~0.1421~~
8	48	~~1.3704~~	~~1.5509~~	~~−0.1805~~	~~4.5586~~	~~4.3774~~	~~−0.1812~~

較差大につき再測S.P.26

再測時の距離は、抹消しないで採用する。

自水準点No.　1005　至水準点No.　1135　11 H 53M　7.0℃

固定点No. 1　sd=324　SD＝324　sh=0.8646　SH=0.8646　平均気温＝　7.5℃

No.	距離	B1	F1	h1	F2	B2	h2
9	41	1.0409	1.2623	−0.2214	4.2706	4.0494	0.2212
10	49	1.4690	1.4791	−0.0101	4.4862	4.4758	−0.0104
11	49	1.3939	1.5108	−0.1169	4.5185	4.4014	−0.1171
12	49	1.5572	0.4988	1.0584	3.5061	4.5642	1.0581
13	49	1.5437	1.4099	0.1338	4.4173	4.5512	0.1339
14	49	1.4272	1.3620	0.0652	4.3696	4.4341	0.0645
15	49	1.3892	1.4077	−0.0185	4.4148	4.3966	−0.0182
16	28	0.9068	2.6353	−1.7285	5.6461	3.9175	−1.7286

自水準点No.　1005　至水準点No.　1135　12 H 14M　8.0℃

sd=363　SD＝687　sh=−0.8385　~~SH=0.0261~~　平均気温＝　~~7.7℃~~

SH=+0.0277 ✓　6.3℃ ✓

202311　S2＝ 687 ✓　T2＝ 9.0℃ ✓

SS＝1374 ✓　MT＝ 7.7℃ ✓

観測月日は、地盤沈下調査の場合のみ記入する。
なお、再測の場合の日付は調整後のものを記入する。

（Ⅱ）＝S.P.27

再測時の気温は、調整後の値を記入する。

観測月日（Ⅰ）1月22日 ✓　（Ⅱ）1月21日 ✓　平均 1月22日 ✓　7号線

		比高	観測日	気温	固定区間数	観測日結果	気温結果	
自1005	至固定(1)	＝+0.8662 ✓	1/23 ✓	5.0℃ ✓	1 ✓	23 ✓	5.0℃ ✓	S.P.26
自固定(1)	至1135	＝−0.8385 ✓	1/21 ✓	7.5℃ ✓	1 ✓	21 ✓	7.5℃ ✓	
自1005	至1135	＝+0.0277 ✓			2 ✓	22 ✓ (44/2)	6.3℃ ✓ (12.5℃/2)	

再測時の手簿の整理

- 観測距離は抹消しないで、最初の観測距離を採用する。なお、次の場合は、その観測距離を採用する。
  ①観測路線の変更、 ②標尺移動等のため途中で観測中止、③全区間を再測
- 気温の調整方法は、（再測のない固定区間の平均気温×その固定区間数）＋（再測の固定区間の平均気温×その固定区間数）の合計を全固定区間数で割って求める。
- 地盤沈下調査の場合の観測月日の調整方法は、気温の場合と同様とする。

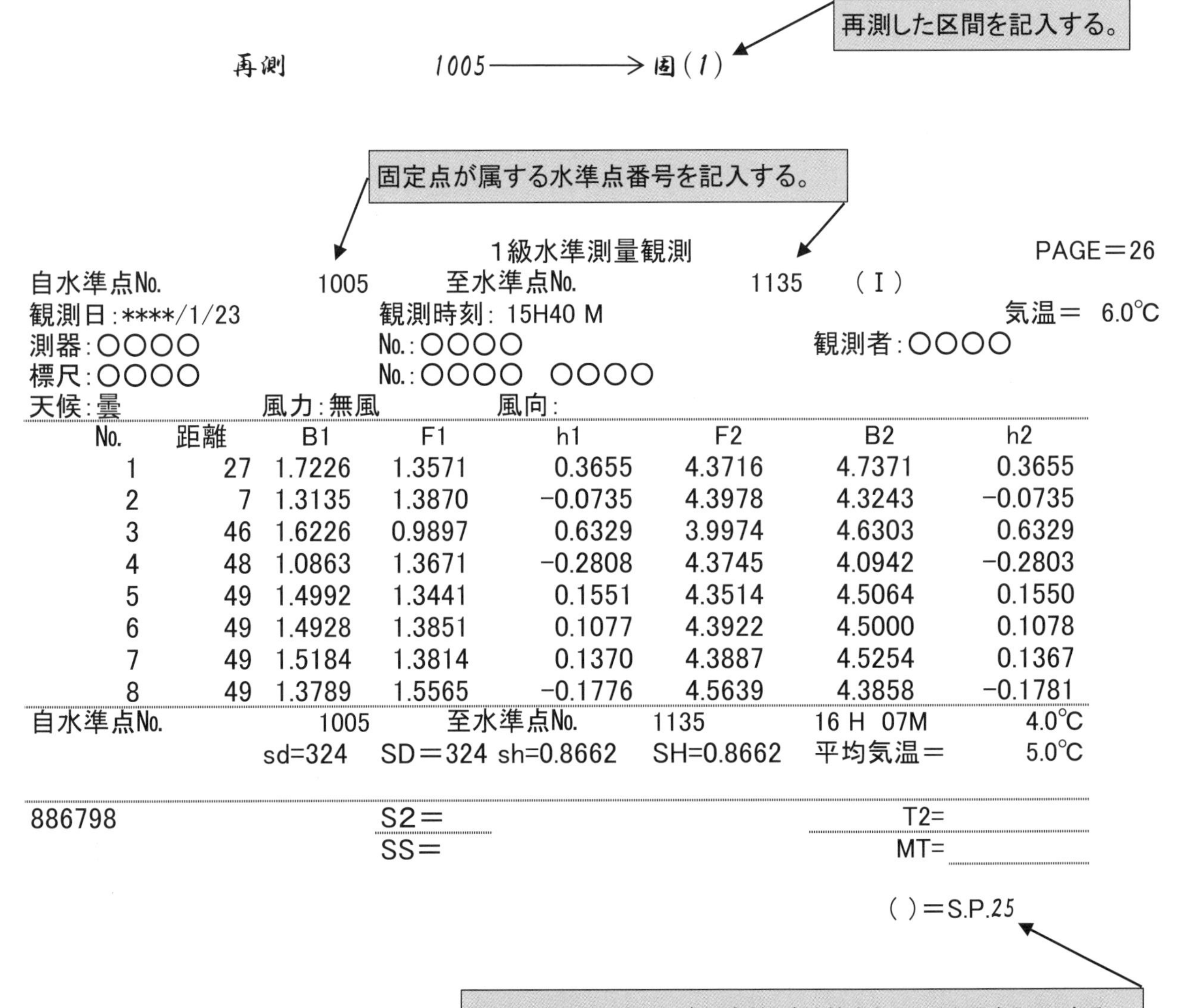

再測　　1005 ――→ 固(1)

再測した区間を記入する。

固定点が属する水準点番号を記入する。

1級水準測量観測　　　PAGE＝26

自水準点No.　1005　至水準点No.　1135　（Ⅰ）

観測日：****/1/23　観測時刻：15H40 M　気温＝ 6.0℃

測器：〇〇〇〇　No.：〇〇〇〇　観測者：〇〇〇〇

標尺：〇〇〇〇　No.：〇〇〇〇　〇〇〇〇

天候：曇　風力：無風　風向：

No.	距離	B1	F1	h1	F2	B2	h2
1	27	1.7226	1.3571	0.3655	4.3716	4.7371	0.3655
2	7	1.3135	1.3870	−0.0735	4.3978	4.3243	−0.0735
3	46	1.6226	0.9897	0.6329	3.9974	4.6303	0.6329
4	48	1.0863	1.3671	−0.2808	4.3745	4.0942	−0.2803
5	49	1.4992	1.3441	0.1551	4.3514	4.5064	0.1550
6	49	1.4928	1.3851	0.1077	4.3922	4.5000	0.1078
7	49	1.5184	1.3814	0.1370	4.3887	4.5254	0.1367
8	49	1.3789	1.5565	−0.1776	4.5639	4.3858	−0.1781

自水準点No.　1005　至水準点No.　1135　16 H 07M　4.0℃

sd=324　SD＝324　sh=0.8662　SH=0.8662　平均気温＝　5.0℃

886798　S2＝　T2=

SS＝　MT=

( )＝S.P.25

水準点間の距離及び比高等が計算されている頁を記入する。

1級水準測量観測 PAGE＝40

自水準点No. 1014 至水準点No. 1018 （Ｉ）

観測日:****/ 1/29 観測時刻: 14 H15M 気温＝ 7.0℃

測器:○○○○ No.:○○○○ 観測者:○○○○

標尺:○○○○ No.:○○○○ ○○○○

天候:晴 風力:軟風 風向:N

No.	距離	B1	F1	h1	F2	B2	h2
1	6	1.6341	2.4002	−0.7661	2.4003	1.6343	−0.7660
2	9	0.4566	1.7710	−1.3144	1.7710	0.4567	−1.3143
3	5	0.9308	1.9142	−0.9834	1.9142	0.9307	−0.9835
4	11	0.3604	2.4234	−2.0630	2.4234	0.3604	−2.0630
5	14	0.3724	2.7250	−2.3526	2.7250	0.3724	−2.3526
6	8	0.5380	2.5163	−1.9783	2.5163	0.5380	−1.9783
7	9	0.3690	2.4572	−2.0882	2.4572	0.3691	−2.0881
8	10	0.4748	2.5834	−2.1086	2.5835	0.4748	−2.1087
9	10	0.4783	2.5895	−2.1112	2.5895	0.4782	−2.1113
10	10	0.5059	2.5058	−1.9999	2.5058	0.5059	−1.9999
11	10	0.3893	2.5121	−2.1228	2.5120	0.3892	−2.1228
12	13	0.4653	2.2878	−1.8225	2.2878	0.4652	−1.8226

自水準点No. 1014 至水準点No. 1018 14 H 34M 5.0℃

固定点No. 1 sd=115 SD＝115 sh=−21.7111 SH=−21.7111 平均気温＝ 6.0℃

No.	距離	B1	F1	h1	F2	B2	h2
13	41	0.5359	1.9856	−1.4497	1.9856	0.5359	−1.4497
14	49	1.1746	1.5967	−0.4221	1.5964	1.1747	−0.4217
15	49	1.5808	1.1555	0.4253	1.1553	1.5807	0.4254
16	49	1.8979	0.8163	1.0816	0.8163	1.8980	1.0817
17	49	1.2665	1.6192	−0.3527	1.6193	1.2667	−0.3526
18	49	1.1877	1.6628	−0.4751	1.6629	1.1875	−0.4754
19	49	1.1918	1.7913	−0.5995	1.7912	1.1919	−0.5993
20	28	1.6292	0.0000	1.6292	0.0000	0.0000	0.0000

標尺台移動のため観測中止 S.P.41再開

自水準点No. 1014 至水準点No. 1018 15 H 27M 4.0℃

sd=279 SD＝394 sh=−0.6543 SH=−22.3654 平均気温＝ 5.3℃

286001 S2＝ T2=

SS＝ MT=

( )＝S.P.

この観測は、観測上のミスによるため、距離も含めて全て抹消して固定点から再度観測を行う。

−0.5 ✓　　+0.9 ✓　　0 ✓　　0.4 ✓

1014　$\frac{-21.7111 ✓}{+21.7106 ✓}$ (1) $\frac{-0.1491 ✓}{+0.1500 ✓}$ (2) $\frac{-3.2948 ✓}{+3.2948 ✓}$　1018

1級水準測量観測　　PAGE＝41

自水準点No.　1014　至水準点No.　1018　（Ⅰ）
観測日：****/ 1/29　観測時刻：15 H30 M　気温＝ 4.0℃
測器：○○○○　No.：○○○○　観測者：○○○○
標尺：○○○○　No.：○○○○　○○○○
天候：晴　風力：無風　風向：

No.	距離	B1	F1	h1	F2	B2	h2	
1	27	0.5140	1.9700	−1.4560	1.9701	0.5140	−1.4561	
2	36	1.1717	1.5837	−0.4120	1.5837	1.1716	−0.4121	固定点(1)
3	35	1.5714	1.1519	0.4195	1.1518	1.5713	0.4195	から観測再開
4	37	1.9345	0.8508	1.0837	0.8508	1.9344	1.0836	
5	36	1.2267	1.5823	−0.3556	1.5823	1.2268	−0.3555	
6	37	1.1950	1.6610	−0.4660	1.6610	1.1950	−0.4660	
7	36	1.2064	1.8147	−0.6083	1.8146	1.2065	−0.6081	
8	37	1.6476	1.0718	0.5758	1.0717	1.6479	0.5762	
9	36	1.6198	1.1923	0.4275	1.1923	1.6199	0.4276	
10	36	1.7734	1.1314	0.6420	1.1312	1.7733	0.6421	

自水準点No.　1014　至水準点No.　1018　15H 55M　3.0℃
固定点No. 2　sd=353　SD＝353 sh=−0.1491　SH=−0.1491　平均気温＝　3.5℃

No.	距離	B1	F1	h1	F2	B2	h2
11	36	1.4224	1.9499	−0.5275	1.9502	1.4224	−0.5278
12	38	0.9447	1.8910	−0.9463	1.8912	0.9447	−0.9465
13	37	1.2350	1.4923	−0.2573	1.4922	1.2350	−0.2572
14	16	1.2662	2.3120	−1.0458	2.3119	1.2662	−1.0457
15	36	1.4249	1.4274	−0.0025	1.4274	1.4247	−0.0027
16	36	1.5805	1.6062	−0.0257	1.6064	1.5805	−0.0259
17	36	1.4385	1.6705	−0.2320	1.6705	1.4383	−0.2322
18	34	1.3076	1.4167	−0.1091	1.4167	1.3074	−0.1093
19	33	1.5188	1.3668	0.1520	1.3665	1.5188	0.1523
20	8	1.2937	1.5939	−0.3002	1.5939	1.2937	−0.3002

自水準点No.　1014　至水準点No.　1018　16 H 10M　3.0℃
sd=310　SD＝663 sh=−3.2948　SH=−3.4439　平均気温＝　~~3.3℃~~
778 ✓　SH=−25.1550 ✓　4.2℃ ✓

835290　S2＝780 ✓　T2=　5.8℃ ✓
SS＝1558 ✓　MT=　5.0℃ ✓

観測月日は、地盤沈下調査の場合のみ記入する。
再測の場合の日付は調整後のものを記入する。

（Ⅱ）＝S.P.42

再測時の気温は、調整後の値を記入する。

観測月日（Ⅰ）1月29日 ✓（Ⅱ）1月29日 ✓ 平均 1月29日 ✓　9号線

気温×固定区間数

		距離	比高	観測日	気温	固定区間数	結果
自1014	至固定(1)＝	115 ✓	−21.7111 ✓	1/29 ✓	6.0℃ ✓	1 ✓	6.0℃ ✓
自固定(1)	至1018 ＝	663 ✓	−3.4439 ✓	1/29 ✓	3.3℃ ✓	2 ✓	6.6℃ ✓
自1014	至1018 ＝	778 ✓	−25.1550 ✓	1/29 ✓		3 ✓	4.2℃ ✓ (12.6℃/3)

固定区間の平均気温

合計気温÷固定区間数

k. 移転（固定点法）の例

1級水準点268の移転

（ ）　　PAGE＝ 1

ジナンバー＝　旧268　イタルナンバー＝　新268　9H35M　オンド＝ 23℃

****/9/8　テンコウ＝ハレ　フウコウ＝S　フウリョク＝　ワフウ　カンソクシャ：○○○○

（往）

No.	キョリ	B1	F1	h1	F2	B2	h2
1	10	1.265	1.276	−0.011	1.276	1.265	0.011

ジナンバー ＝　旧268　イタルナンバー＝　固定点　9H37M　23℃

コテイナンバー＝1　s=10　S＝10　sh=−0.011　SH=−0.011　T= 23.0℃

No.	キョリ	B1	F1	h1	F2	B2	h2
2	8	1.315	1.385	−0.070	1.385	1.315	0.070

ジナンバー ＝　旧268　イタルナンバー＝　固定点　9H40M　23℃

コテイナンバー＝2　s=8　S＝18　sh=−0.070　SH=−0.081　T= 23.0℃

No.	キョリ	B1	F1	h1	F2	B2	h2
3	9	1.154	1.489	−0.335	1.489	1.154	0.335

ジナンバー ＝　旧268　イタルナンバー＝　固定点　9H42M　23℃

（復）

コテイナンバー＝3　s=9　S＝27　sh=−0.335　SH=−0.416　T= 23.0℃

No.	キョリ	B1	F1	h1	F2	B2	h2
4	9	1.502	1.166	0.336	1.166	1.502	−0.336

ジナンバー ＝　固定点　イタルナンバー＝　旧268　9H45M　23℃

コテイナンバー＝3　s=9　S＝36　sh=0.336　SH=−0.080　T= 23.0℃

No.	キョリ	B1	F1	h1	F2	B2	h2
5	8	1.388	1.318	0.070	1.318	1.388	−0.070

ジナンバー ＝　固定点　イタルナンバー＝　旧268　9H48M　23℃

コテイナンバー＝2　s=8　S＝44　sh=0.070　SH=−0.010　T= 23.0℃

No.	キョリ	B1	F1	h1	F2	B2	h2
6	10	1.280	1.269	0.011	1.269	1.280	−0.011

ジナンバー ＝　固定点　イタルナンバー＝　旧268　9H51M　23℃

コテイナンバー＝1　s=10　S＝54　sh=0.011　SH=0.001　T= 23.0℃

S2＝

SS=

（ ）＝ S.P. ○○

旧268	−0.011 ✓ +0.011 ✓	(1)	−0.079 ✓ +0.080 ✓	新268	−0.090 ✓ +0.091 ✓
旧268	−0.070 ✓ +0.070 ✓	(2)	−0.020 ✓ +0.020 ✓	新268	−0.090 ✓ +0.090 ✓
旧268	−0.335 ✓ +0.336 ✓	(3)	+0.245 ✓ −0.246 ✓	新268	−0.090 ✓ +0.090 ✓

移転の観測の読定単位は1mmとし、平均値の計算単位は1級水準点は0.1mm、それ以外は1mmとする。

平均
−0.0900 ✓
+0.0903 ✓

結果
旧268～新268
−0.0902 ✓

水準点269方向へ
約36mに移転した

許容範囲

	固定点法（標高の較差）	直接法（往復観測の較差）
1級水準測量	3mm	5mm √Skm
2級水準測量	3mm	5mm √Skm
3級水準測量	10mm	20mm √Skm
4級水準測量	10mm	20mm √Skm

＊Sは観測距離（片道、km単位）

(　)　　　　　　　　　　　　　　　　　　　　　　　　PAGE＝ 2

ジナンバー＝　新268　イタルナンバー＝　旧268　11H40M　オンド＝ 23°C

****/9/9　テンコウ＝ハレ フウコウ＝ S フウリョク＝ ワフウ　カンソクシャ:○○○○

	No.	キョリ	B1	F1	h1	F2	B2	h2
(往)	1	10	1.300	1.379	−0.079	1.379	1.300	0.079
	ジナンバー＝ 固定点		イタルナンバー＝ 新268				11H42M	23°C
	コテイナンバー＝1	s=10	S＝10	sh=−0.079	SH=−0.079		T= 23.0°C	
	2	8	1.389	1.409	−0.020	1.409	1.389	0.020
	ジナンバー＝ 固定点		イタルナンバー＝ 新268				11H44M	23°C
	コテイナンバー＝2	s=8	S＝18	sh=−0.020	SH=−0.099		T= 23.0°C	
	3	9	1.490	1.245	0.245	1.245	1.490	−0.245
	ジナンバー＝ 固定点		イタルナンバー＝ 新268				11H46M	23°C
(復)	コテイナンバー＝3	s=9	S＝27	sh=0.245	SH=0.146		T= 23.0°C	
	4	9	1.252	1.498	−0.246	1.498	1.252	0.246
	ジナンバー＝ 新268		イタルナンバー＝ 固定点				11H49M	23°C
	コテイナンバー＝3	s=9	S＝36	sh=−0.246	SH=−0.100		T= 23.0°C	
	5	8	1.414	1.394	0.020	1.394	1.414	−0.020
	ジナンバー＝ 新268		イタルナンバー＝ 固定点				11H51M	23°C
	コテイナンバー＝2	s=8	S＝44	sh=0.020	SH=−0.0801		T= 23.0°C	
	6	10	1.392	1.312	0.080	1.313	1.392	−0.079
	ジナンバー＝ 新268		イタルナンバー＝ 固定点				11H54M	23°C
	コテイナンバー＝1	s=10	S＝54	sh=0.080	SH=−0.001		T= 23.0°C	
			S2＝					
			SS=					

(　)＝S.P.○○

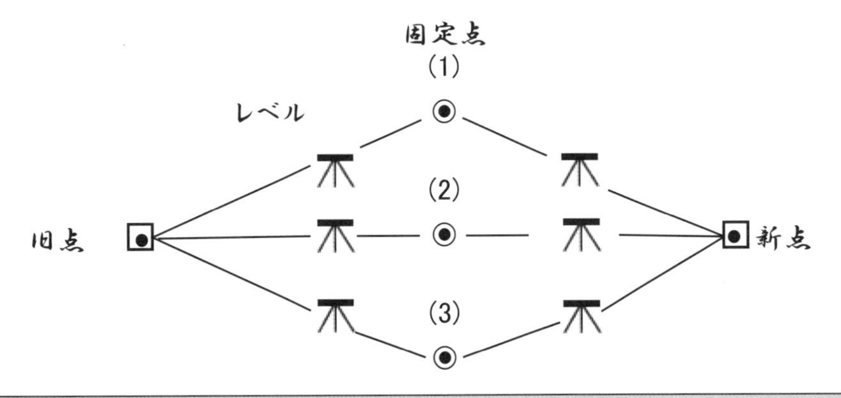

固定点法

・旧点と新点間に3点以上の固定点を設け、旧点と固定点(1)、(2)、(3)間の往復観測を行う。
・旧点の水準点標識を新点の位置に埋設する。
・埋設後24時間以上経過後、固定点(1)、(2)、(3)と新点間の往復観測を行う。
・標高の較差が許容範囲を超えた場合は、その原因を調査し、較差の少ない2個以上の平均値を採用する。

直接法

・新点に別の標識を埋設する。
・埋設後24時間以上経過後、旧点と新点間の往復観測を行う。
・ 旧点と新点間の観測を1点で行える場合は、1本の標尺を用いて行う。

ロ. 2級水準測量観測手簿

a. 電子レベルによる観測手簿

0 ✓　0 ✓　0 ✓

307　-0.399 ✓ / +0.399 ✓ (1) +1.444 ✓ / -1.444 ✓　308

2級水準測量では、気温の測定は必要としない。

2級水準測量観測　PAGE＝○○

自水準点No.　307　至水準点No.　308　（Ⅰ）

観測日:****/04/16　観測時刻: 10 H 04 M　気温＝

測器:○○○○　No.:○○○○　観測者:○○○○

標尺:○○○○　No.:○○○○　○○○○

天候:曇　風力:軟風　風向:N

No.	ｷｮﾘ	B1	F1	h1	B2	F2	h2	n
1	38	0.440	1.235	−0.795	0.440	1.234	−0.794	1
2	60	2.512	1.205	1.307	2.511	1.205	1.306	1
3	54	1.481	1.407	0.074	1.481	1.406	0.075	1
4	53	0.425	1.186	−0.761	0.425	1.186	−0.761	1
5	37	2.916	1.203	1.713	2.916	1.203	1.713	1
6	52	0.597	2.331	−1.734	0.597	2.331	−1.734	1
7	52	1.495	1.706	−0.211	1.495	1.706	−0.211	1
8	51	1.520	1.512	0.008	1.520	1.512	0.008	1

自水準点No.　307　至水準点No.　308　10 H 37 M

固定点No. 1　sd=397　SD＝397　sh=−0.399　SH=−0.399　平均気温＝

No.	ｷｮﾘ	B1	F1	h1	B2	F2	h2	n
9	52	1.677	1.435	0.242	1.677	1.434	0.243	1
10	52	2.085	1.141	0.944	2.085	1.141	0.944	1
11	46	1.895	1.470	0.425	1.895	1.469	0.426	1
12	38	1.540	1.708	−0.168	1.539	1.708	−0.169	1

自水準点No.　307　至水準点No.　308　10 H 52 M

sd=188　SD＝585　sh=1.444　SH=1.045　平均気温＝

9290　S2＝564 ✓　T2=

SS＝1,149 ✓　MT=

（Ⅱ）＝S.P.○○

2級水準測量における標尺補正の計算は、水準点間の高低差が70m以上の場合に行うものとし、補正量は気温が20度における標尺改正数を用いて求める。

許容範囲

	（再測） 往復観測の較差	（検測:片道観測） 前回の観測高低差との較差	又は測量成果の高低差との較差
1級水準測量	2.5mm √Skm	2.5mm √Skm	15mm √Skm
2級水準測量	5mm √Skm	5mm √Skm	15mm √Skm
3級水準測量	10mm √Skm	-------	------
4級水準測量	20mm √Skm	-------	------

2級水準測量観測　　　PAGE＝○○

自水準点No.　165-036　　至水準点No.　165-037　　（Ⅱ）

観測日：****/05/15　　観測時刻：08 H 41 M　　気温＝

測器：○○○○　　No.：○○○○　　観測者：○○○○

標尺：○○○○　　No.：○○○○　○○○○

天候：曇　　風力：軟風　　風向：SW

No.	距離	BL	FL	hL	FR	BR	h2	n
1	46	0.861	1.611	−0.750	1.612	0.862	−0.750	1
2	60	0.560	2.364	−1.804	2.364	0.561	−1.803	1
3	60	0.982	1.325	−0.343	1.325	0.982	−0.343	1
4	60	1.443	1.380	0.063	1.381	1.443	0.062	1
5	47	2.354	0.273	2.081	0.274	2.355	2.081	1
6	32	1.722	1.229	0.493	1.229	1.723	0.494	1

自水準点No.　165-036　　至水準点No.　165-037　　09 H　03 M

sd=305　SD＝305　sh=-0.260　SH=-0.260　平均気温＝

068096　S2＝　T2=

SS＝　MT=

（I）＝S.P.○○

b. 手書き手簿 ①

$$\begin{array}{c} \pm 0^{\checkmark} \\ 307 \xrightarrow[+0.260^{=}]{-0.260^{=}} 308 \end{array}$$

水　準　観　測　手　簿

自水準点　NO.　307　　至水準点　NO.　308　(Ⅰ)

番号	距離	方向	左目盛 読取り / X対読	左目盛 X対読 / 読取り	右目盛 読取り / X対読	右目盛 X対読 / 読取り	備考
			m	m	m	m	307
1	46	後	0.861	X 9.139	3.877	X 6.123	5/6 9h30m
		前	X 8.389	1.611	X 5.323	4.677	
			X 9.250	0.750	X 9.250	0.750	晴 軟風 東
2	60	後	0.560	X 9.440	3.576	X 6.424	
		前	X 7.636	2.364	X 4.621	5.379	観測者 ○○○○
			X 7.449	2.551	X 7.447	2.553	
3	60	後	0.982	X 9.018	3.997	X 6.003	測器 ○○○
		前	X 8.675	1.325	X 5.660	4.340	No. 68396
			X 7.103	2.897	X 7.104	2.896	標尺 ○○○
4	60	後	1.443	X 8.557	4.458	X 5.542	
		前	X 8.620	1.380	X 5.604	4.396	No. 4567AB
			X 7.166	2.834	X 7.166	2.834	
5	47	後	2.354	X 7.646	5.370	X 4.630	
		前	X 9.727	0.273	X 6.711	3.289	
			X 9.247	0.753	X 9.247	0.753	10h01m
6	32	後	1.722	X 8.278	4.738	X 5.262	
	Ⅰ=305	前	X 8.771	1.229	X 5.756	4.244	308
	Ⅱ=306		X 9.740	0.260	X 9.741	0.259	
	611	後	,	X ,	,	X ,	
		前	X ,	,	X ,	,	
		後	,	X ,	,	X ,	
		前	X ,	,	X ,	,	
		後	,	X ,	,	X ,	
		前	X ,	,	X ,	,	
		後	,	X ,	,	X ,	
		前	X ,	,	X ,	,	
		後	,	X ,	,	X ,	
		前	X ,	,	X ,	,	
		後	,	X ,	,	X ,	
		前	X ,	,	X ,	,	
和		後	7.922	点検	26.016		T_1 = ℃
		前	8.182	− 0.260	26.275	− 0.259	T_2 = ℃

自水準点 NO.　307　　至水準点 NO.　308　　(Ⅰ)= − 0.260 m　　T = ℃

(Ⅱ)= S.P.○○

c．手書き手簿 ②

（河川の例）

$$R17.^{k}0 \quad \frac{\pm 0'' \quad -0.045''}{+0.045''} \quad R17.^{k}2$$

水　準　観　測　手　簿

自水準点　NO. R 17.ᴷ0　至水準点　NO. R 17.ᴷ2　（Ⅰ・Ⅱ）

番号	距離	方向	左目盛 読取り / X対読	左目盛 X対読 / 読取り	右目盛 読取り / X対読	右目盛 X対読 / 読取り	備考
			m	m	m	m	R17.ᴷ0
1	51	後	1,922	X 8,078	4,937	X 5,063	5/8 8h30m
		前	X 8,523	1,477	X 5,507	4,493	晴軟風東
			0,446	x 9,555	0,444	x 9,556	
2	41	後	1,391	X 8,609	4,406	X 5,594	8h38m
	Ⅰ = 92	前	X 8,120	1,880	X 5,104	4,896	R17.ᴷ2
	Ⅱ = 93		x 9,956	0,044	x 9,954	0,046	
	185	後	,	X ,	,	X ,	
		前	X ,	,	X ,	,	
			,	,	,	,	
		後	,	X ,	,	X ,	
		前	X ,	,	X ,	,	
			,	,	,	,	
	和	後	3,313	X ,	9,343	X ,	
		前	X 3,357	− 0,044	X 9,389	− 0,046	
			,	,	,	,	
		後	,	X ,	,	X ,	
		前	X ,	,	X ,	,	
			,	,	,	,	
		後	,	X ,	,	X ,	
		前	X ,	,	X ,	,	
			,	,	,	,	R17.ᴷ2
1	55	後	1,858	X 8,142	4,874	X 5,126	5/8 9h39m
		前	X 8,622	1,378	X 5,607	4,393	
			0,480	x 9,520	0,481	x 9,519	
2	38	後	1,410	X 8,590	4,426	X 5,574	9h47m
	93	前	X 8,154	1,846	X 5,138	4,862	R17.ᴷ0
			0,044	x 9,956	0,045	x 9,955	
		後	,	X ,	,	X ,	
		前	X ,	,	X ,	,	
		後	,			,	
		前	X ,			,	
			,	,	,	,	
		後	,	X ,	,	X ,	
		前	X ,	,	X ,	,	
和		後	3,268	点検	9,300		T₁ =　°C
		前	3,224	+ 0,044	9,255	+ 0,045	T₂ =　°C

自水準点 NO. R 17.ᴷ0　至水準点 NO. R 17.ᴷ2　（Ⅰ）＝ − 0,045 m　T ＝　°C

（Ⅱ）＝ ~~3.2~~ + 0,045

注１．区間ごとにページを別にする。

２．往・復の観測値は同一ページに記載する。

ハ. 3級～4級水準測量観測手簿

a. 水準電卓を使用した例（3級水準測量）

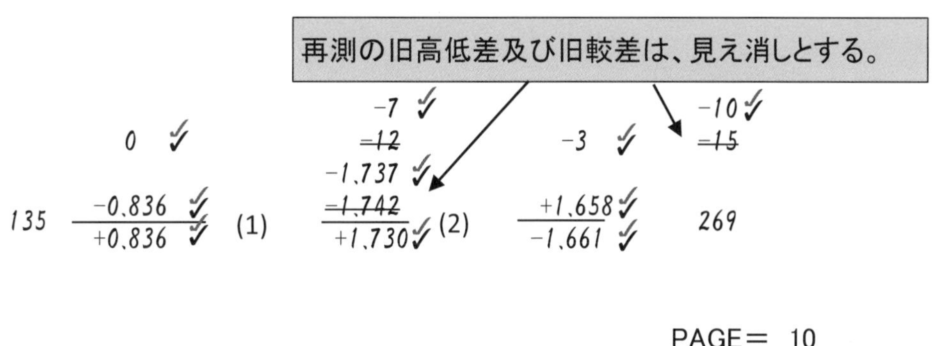

（Ⅰ） PAGE＝ 10

ジナンバー＝ 135 イタルナンバー＝ 269 07 H 50 M

****/9/10 テンコウ＝ ハレ フウコウ＝ S フウリョク＝ ワフウ カンソクシャ：○○○○

No.	キョリ	B	F	H	
1	51	1.291	1.215	0.076	
2	59	1.491	1.092	0.399	
3	57	1.485	0.381	1.104	
4	56	1.045	2.394	−1.349	
5	54	0.321	2.272	−1.951	
6	52	1.745	0.860	0.885	
ジナンバー＝	135	イタルナンバー＝	269	08 H 26 M	
コテイナンバ゛ー＝1	s=329	S＝329	sh=-0.836	SH=-0.836	
7	50	0.724	1.901	−1.177	
8	51	0.519	1.294	−0.775	
9	59	2.125	0.431	1.694	較差大再測
10	52	1.893	0.951	0.942	S.P.12
11	51	1.506	1.320	0.186	
12	51	1.215	1.769	−0.554	
13	50	0.509	2.097	−1.588	
14	51	1.079	1.549	−0.470	
ジナンバー＝	135	イタルナンバー＝	269	09 H 14 M	
コテイナンバ゛ー＝2	s=415	S＝744	sh=-1.742	SH=-2.578	
15	50	1.542	1.347	0.195	
16	30	1.565	0.102	1.463	
ジナンバー＝	135	イタルナンバー＝	269	09 H 26 M	
	s=80	S＝824	sh=1.658	SH=-0.920	

較差大の再測は距離は抹消しない。

S2＝814

SS=1,638

（Ⅱ）= S.P.11

自135	至固（1）	−0.836	
自固（1）	至固（2）	−1.737	S.P.12
自固（2）	至269	1.658	
		−0.915	

許容範囲

	（再測） 往復観測値の較差
3級水準測量	10mm $\sqrt{S}$km
4級水準測量	20mm $\sqrt{S}$km

＊Sは観測距離（片道、km単位）

（Ⅱ）　　　　　　　　　　　　　　　　　　　　　　PAGE＝ 11

ジナンバー＝	269	イタルナンバー＝	135	09H 35 M
****/9/10	テンコウ＝ ハレ	フウコウ＝ S	フウリョク＝ ワフウ	カンソクシャ：〇〇〇〇
No.	キョリ	B	F	H
1	34	0.019	1.719	−1.700
2	46	1.391	1.352	0.039
ジナンバー＝	269	イタルナンバー＝	135	09H 47 M
コテイナンバ゛ー＝2	s=80	S＝80	sh=−1.661	SH=−1.661
3	50	1.557	1.089	0.468
4	50	2.041	0.511	1.530
5	49	1.856	1.249	0.607
6	53	1.308	1.509	−0.201
7	54	1.001	1.838	−0.837
8	56	0.382	2.113	−1.731
9	55	1.359	0.701	0.658
10	60	1.774	0.538	1.236
ジナンバー＝	269	イタルナンバー＝	135	10 H 35 M
コテイナンバ゛ー＝1	s=427	S＝507	sh=1.730	SH=0.069
11	58	0.860	1.531	−0.671
12	22	2.033	0.277	1.756
13	60	2.320	0.986	1.334
14	60	0.289	1.403	−1.114
15	58	1.083	1.481	−0.398
16	49	1.128	1.199	−0.071
ジナンバー＝	269	イタルナンバー＝	135	11 H 11 M
	s=307	S＝814	sh=0.836	SH=0.905
		S2＝		
		SS=		

（Ⅰ）= S.P.10

（再測） 固（1） → 固（2）

（Ｉ）　　　　　　　　　　　　　　　　　　　　　　　　PAGE＝ 12

ジナンバー＝　135　イタルナンバー＝　269　11H 25M

****/9/10　テンコウ＝ ハレ フウコウ＝ S　フウリョク＝ ワフウ　カンソクシャ：○○○○

No.	キョリ	B	F	H
1	51	0.615	1.741	−1.126
2	52	0.484	1.321	−0.837
3	60	2.138	0.418	1.720
4	51	1.912	0.980	0.932
5	51	1.501	1.318	0.183
6	50	1.205	1.759	−0.554
7	49	0.514	2.069	−1.555
8	52	1.061	1.561	−0.500

ジナンバー＝　135　イタルナンバー＝　269　12 H 13 M

s=416　S＝416　sh=−1.737　SH=−1.737

S2＝

SS=

（ ）= S.P.10

点検測量

（Ⅰ）				PAGE＝○○
ジナンバー＝	269	イタルナンバー＝	268	09H 35 M
****/9/14	テンコウ＝ ハレ	フウコウ＝	フウリョク＝ ムフウ	カンソクシャ：○○○○
No.	キョリ	B	F	H
1	41	1.019	1.607	−0.588
2	39	1.124	1.301	−0.177
3	40	1.220	1.517	−0.297
4	40	1.654	1.304	0.350
5	38	1.761	0.842	0.919
6	40	1.821	0.781	1.040
7	39	1.873	0.906	0.967
8	42	1.512	1.247	0.265
ジナンバー＝	269	イタルナンバー＝	268	10 H 23 M
コテイナンバ゛ー＝1	s=319	S＝319	sh=2.479	SH=2.479
9	39	1.425	1.476	−0.051
10	40	1.212	1.278	−0.066
11	41	1.342	0.835	0.507
12	40	2.006	0.635	1.371
13	38	1.742	1.039	0.703
14	40	1.532	1.422	0.110
15	40	1.142	1.829	−0.687
16	40	1.132	1.818	−0.686
ジナンバー＝	269	イタルナンバー＝	268	11 H 11 M
	s=318	S＝637	sh=1.201	SH=3.680
		S2＝		
		SS=		

（ ）＝S.P.○○

区間		点検値	採用値	差
269	Ⅰ	+3.680 ✓	+3.685 ✓	
～	Ⅱ		−3.679 ✓	
268		+3.680 ✓	+3.682 ✓	−2mm ✓

採用値S.P.○○

b. 手書き手簿の例

866 □ — −2.670✓(1) / +2.674✓ / +4✓ — ⊕ — −1.202✓(2) / +1.201✓ / −1✓ — ⊕ — −2.483✓ / +2.479✓ / −4✓ — □ 867

水準測量手簿

自水準点 No. 866　　至水準点 No. 867　　(I)

測器 ○○○
標尺 木製標尺 I·II
観測者 ○○○○

****年 9月 5日　天候 曇 和風北

番号	距離	後視 (m)	前視 (m)	高低差 + (m)	高低差 − (m)	備考
						866
1	8	1.016	1.652		0.636	8h 50m
2	9	0.955	1.989		1.034	
3	12	0.455	2.319		1.864	
4	32	0.111	1.376		1.265	+2.129✓ −4.799✓ −2.670✓
5	40	1.452	1.248	0.204		
6	42	1.410	1.057	0.353		
7	40	1.509	0.950	0.559		
8	43	1.824	0.811	1.013		…(1)
9	40	1.822	1.144	0.678		
10	42	1.823	1.162	0.661		
11	40	1.448	1.525		0.077	+1.465✓ −2.667✓ −1.202✓
12	40	0.999	1.771		0.772	
13	56	0.613	1.997		1.384	
14	25	0.895	1.329		0.434	
15	39	1.327	1.241	0.086		
16	38	1.490	1.450	0.040		…(2)
17	40	1.239	1.515		0.276	
18	40	0.909	1.870		0.961	
19	54	0.831	1.856		1.025	+1.061✓ −3.544✓ −2.483✓
20	26	0.888	1.781		0.893	
21	41	1.264	1.653		0.389	
22	40	1.499	1.224	0.275		10h 20m
23	42	1.320	1.210	0.110		
24	44	1.620	0.944	0.676		867
和	872✓	28.769✓	35.124✓	4.655✓	11.010✓	
点検	864✓	−6.355✓		6.355✓		
結果	1736✓				−6.355✓	(II) S.P.OO

水準測量手簿

自水準点 No. 867　　至水準点 No. 866　　(II)

****年 9月 5日　天候　　風　　器械 標尺 観測者

番号	距離	後視	前視	高低差 +	高低差 −	備考
		m	m	m	m	
						867
1	41	1.019	1.607		0.588	$10^h 25^m$
2	39	1.124	1.301		0.177	
3	40	1.220	1.517		0.297	+3.541 / −1.062
4	40	1.654	1.304	0.350		+2.479
5	35	1.261	0.342	0.919		
6	53	1.821	0.781	1.040		
7	39	1.873	0.906	0.967		
8	42	1.512	1.247	0.265		…(2)
9	39	1.425	1.476		0.051	
10	40	1.212	1.278		0.066	+2.691
11	33	1.342	0.835	0.507		−1.490
12	58	2.006	0.635	1.371		+1.201
13	38	1.742	1.039	0.703		
14	40	1.532	1.422	0.110		
15	40	1.142	1.829		0.687	
16	40	1.132	1.818		0.686	…(1)
17	39	0.955	1.821		0.866	
18	43	0.851	1.543		0.692	+4.772
19	40	1.183	1.398		0.215	−2.098
20	44	1.219	1.544		0.325	+2.674
21	30	1.438	0.417	1.021		
22	14	2.348	0.341	2.007		$11^h 50^m$
23	8	1.999	0.921	1.078		
24	9	1.618	0.952	0.666		866
和	864	35.128	28.774	11.004	4.650	
点検			+6.354	+6.354		
結果					6.354	(I)S.P. OO

二．渡海（河）水準測量観測手簿

ａ．交互法

渡海（河）水準測量観測手簿（交互法）

（Ⅰ）　自　2-31　　　至　2-32

測　器：　○○○○　　標　尺　：　○○○○
No.　：　367453　　No.　：　4357A・B　　白線の太さ：　0.01 m

**** 年 2 月 4 日　　天　候　晴和　　風　北西　　観　測　者　○○　○○

番号	距離	後　視	前　視	高低差		備　考
				＋	－	
	m	m	m	m	m	h　m
1		1・4531	1・786	・	・	・・・固(1)　10 00
		・	・788	・	・	
	180	・	・785	・	・	
		・	・782	・	・	前視マイクロ目盛＝0
		1・4531	・787	・	・	・・・固(2)　10.07
		1・4531	1・7856	・	0・3325	
2		1・4532	1・788	・	・	・・・固(1)　10.40
		・	・787	・	・	
		・	・786	・	・	
		・	・787	・	・	前視マイクロ目盛＝0
		1・4531	・788	・	・	・・・固(2)　10.45
		1・4532	1・7872	・	0・3340	
3		1・4533	1・786	・	・	・・・固(1)　11.20
		・	・781	・	・	
		・	・786	・	・	
		・	・787	・	・	前視マイクロ目盛＝0
		1・4531	・784	・	・	・・・固(2)　11.27
		1・4532	1・7848	・	0・3316	
4		1・4531	1・784	・	・	・・・固(1)　12.00
		・	・788	・	・	
		・	・786	・	・	
		・	・787	・	・	前視マイクロ目盛＝0
		1・4531	・789	・	・	・・・固(2)　12.05
		1・4531	1・7868	・	0・3337	
平　均		・	・	・	0・3330	(Ⅱ)S.P.○○

交互法
観測距離：300m（2～4級：450m）まで
使用機器：1級レベル、1級標尺
セット数：60×Ｓkm
観測日数：60×Ｓkm÷25
読定単位：自岸 0.1mm（2～4級：1mm）、対岸 1mm

距離は、地図等により測定して記入する（10m単位）。
前視観測時には、マイクロメーター目盛を0にする。

渡海（河）水準測量観測手簿（交互法）

（Ⅱ）　自 2-32　至 2-31

測　器：○○○○　No.：367453
標　尺：○○○○　No.：4357A・B　白線の太さ：0.01 m

**** 年 2月 4日　天候 晴和　風 北西　観測者 ○○ ○○

番号	距離	後視	前視	高低差 +	高低差 −	備考
	m	m	m	m	m	h m
1	180	1・5589	1・226	・	・	・・・固(2) 13 00
		・	・227	・	・	
		・	・229	・	・	
		・	・227	・	・	前視マイクロ目盛＝0
		1・5590	・230	・	・	・・・固(1) 13.07
		1・5590✓	1・2278✓	0・3312✓	・	
2		1・5591	1・227	・	・	・・・固(2) 13.40
		・	・226	・	・	
		・	・224	・	・	
		・	・227	・	・	前視マイクロ目盛＝0
		1・5590	・228	・	・	・・・固(1) 13.46
		1・5591✓	1・2264✓	0・3327✓	・	
3		1・5591	1・226	・	・	・・・固(2) 14.20
		・	・227	・	・	
		・	・229	・	・	
		・	・228	・	・	前視マイクロ目盛＝0
		1・5591	・227	・	・	・・・固(1) 14.28
		1・5591✓	1・2274✓	0・3317✓	・	
4		1・5590	1・228	・	・	・・・固(2) 15.00
		・	・229	・	・	
		・	・225	・	・	
		・	・227	・	・	前視マイクロ目盛＝0
		1・5591	・226	・	・	・・・固(1) 15.06
		1・5591✓	1・2270✓	0・3321✓	・	
平均		・	・	0・3319✓	・	(Ⅰ)S.P.○○

- 1セットとは、自岸１回→対岸５回→自岸１回の１視準１読定の観測をいう。
- 観測は、１日の午前（南中前3時間）と午後（南中後4時間）の同じセット数の観測を１対とした組み合わせで行う。
- レベル１台の場合、１日の全観測セットの１/２経過時点で、レベルと標尺を対岸に移し替えて同様の観測をする。
- レベル２台の場合、２組の観測者による両岸から同時に行う同時観測が望ましい。

b. 俯仰ねじ法

この例は、24セット・1日の観測である。

渡海（河）水準測量観測手簿（俯仰ねじ法）

観測点：　渡1　　自　渡1　測点　　至　渡2　測点
観測者：　○○○○　手簿者；　○○□□
器械名：　△△△△　No.：　△△□□
標　尺：　□□□□　No.：　□□□A
観測年月日：＊＊＊＊年3月10日　　天候：晴　軟風　北西

目標板等	自岸(m)	対岸(m)
l_2	2.60	2.60
l_1	1.00	1.00
白線幅	0.06	0.06
概略距離	4	330

m_0はm_1の読定値から俯仰ねじが1回転（50目盛）、m_2は2回転（100目盛）したことを表している。

セットNo.	時刻 h m	器械高	m_1 (　)	m_0 (+50)	m_2 (+100)	備考
1	9:30	時刻	26.8	34.1	36.1	マイクロ目盛＝0✓
	:33	9h29m	26.8	34.1	35.9	気温＝13℃
	9:32 ✓	m	26.8 ✓	34.1 ✓	36.0 ✓	気圧＝1021hpa
2	9:35	1.7910	26.8	35.1	36.6	
	:38		27.2	34.1	36.8	
	9:37 ✓		27.0 ✓	34.6 ✓	36.7 ✓	
3	9:40		27.3	34.4	36.8	
	:42		26.9	34.6	36.5	
	9:41 ✓		27.1 ✓	34.5 ✓	36.7 ✓	
4	9:45		27.1	34.6	36.0	
	:47		27.0	34.4	35.8	
	9:46 ✓		27.1 ✓	34.5 ✓	35.9 ✓	
5	9:50		27.1	34.9	36.8	
	:52		26.7	34.8	36.6	
	9:51 ✓		26.9 ✓	34.9 ✓	36.7 ✓	
6	9:55	時刻	28.5	36.2	38.7	マイクロ目盛＝0✓
	:57	9h58m	28.6	36.2	38.4	気温＝13℃
	9:56 ✓	m	28.6 ✓	36.2 ✓	38.6 ✓	気圧＝1024hpa
		1.7909				
						気温＝13℃✓
		1.7910 ✓				気圧＝1023hpa✓

7セット以降は掲載省略

俯仰ねじ法
- 観測距離：　2kmまで
- 使用機器：　俯仰ねじを有する1級レベル、1級標尺
- セット数：　80 × Skm
- 観測日数：　80 × Skm÷40
- 読定単位：　自岸　0.1mm（2級：1mm）、対岸　俯仰ねじ目盛の1/10
- 観測条件：　2式の機器による両岸同時観測

概略距離は、地形図等により求めて記入する。
前視観測時には、マイクロメータ目盛を0にする。

渡海（河）水準測量観測手簿（俯仰ねじ法）

観測点：　渡2　　自　渡2　測点　　至　渡1　測点
観測者：　△△△△　手簿者；　○○△△
器械名：　△△△△　No.：　△△××
標　尺：　□□□□　No.：　□□□B
観測年月日：＊＊＊＊年3月10日　　天候：晴　軟風　北西

目標板等	自岸(m)	対岸(m)
l_2	2.60	2.60
l_1	1.00	1.00
白線幅	0.06	0.06
概略距離	4	330

セットNo.	時刻 h m	器械高	m_1 (　)	m_0 (+50)	m_2 (+100)	備考
1	9:30	時刻	38.3	47.3	48.6	マイクロ目盛＝0✓
	:33	9h29m	38.5	47.5	48.6	気温＝13℃
	9:32✓	m	38.4✓	47.4✓	48.6✓	気圧＝1025hpa
2	9:35	1.7277	38.7	47.9	48.8	
	:38		39.1	47.8	49.0	
	9:37✓		38.9✓	47.9✓	48.9✓	
3	9:40		39.1	48.1	49.0	
	:42		38.9	48.0	49.0	
	9:41✓		39.0✓	48.1✓	49.0✓	
4	9:45		38.9	47.9	49.0	
	:47		39.0	47.9	49.0	
	9:46✓		39.0✓	47.9✓	49.0✓	
5	9:50		39.1	48.5	49.5	
	:51		3.9	48.2	49.5	
	9:51✓		39.1✓	48.3✓	49.5✓	
6	9:55	時刻	36.0	47.0	46.5	マイクロ目盛＝0✓
	:57	9h58m	35.0	46.0	46.5	気温＝11℃
	9:56✓	m	35.5✓	46.5✓	46.5✓	気圧＝1026hpa
		1.7278				
						気温＝12℃✓
		1.7278✓				気圧＝1026hpa✓

7セット以降は掲載省略

- 1セットとは、自岸標尺を1視準1読定した後に、対岸目標板に対しての観測（$m_1 \rightarrow m_0 \rightarrow m_2 \rightarrow m_2 \rightarrow m_0 \rightarrow m_1$）を行い、これを両岸において同時に行う観測をいう。
- 1日のセット数は、20～60セットを標準とする。
- 観測は、1日の午前（南中前3時間）と午後（南中後4時間）の同じセット数の観測を1対とした組み合わせで行う。
- 全セットのほぼ中間で、両岸の器械、標尺を入れ替えて同様に観測を行う。

c. 経緯儀法

この例は、TSと反射鏡による、16セット・2日の観測である。

渡海水準測量観測手簿（経緯儀法）

観測年月日 ○○○○年 5月26日 天候:晴 軟風 南

1級 基準点 渡海 1 測点 標識番号 T1

観測点 B≠C 観測者 ○○ ○○

時 分	望遠鏡	視準点	° ′ ″			° ′ ″
9 40	R	自岸標尺下	90 33 21		R−L=2Z=	181 6 42
	L		269 26 39		Z=	90 33 21
		目盛 1.470	360 0 0		90±Z=β=	−0 33 21

時 分	望遠鏡	視準点	° ′ ″			° ′ ″
	L	自岸標尺上	270 31 1		R−L=2Z=	178 57 53
	R		89 28 54		Z=	89 28 57
		目盛 1.570	359 59 55		90±Z=β=	0 31 3

時 分	望遠鏡	視準点	° ′ ″	距離		° ′ ″
	R	渡海2	90 25 22	333.518	R−L=2Z=	180 50 54
	L		269 34 28	333.517	Z=	90 25 27
			359 59 50		90±Z=β=	−0 25 27

時 分	望遠鏡	視準点	° ′ ″			° ′ ″
	L	渡海2	269 34 28		R−L=2Z=	180 50 53
	R		90 25 21		Z=	90 25 27
			359 59 49		90±Z=β=	−0 25 27

時 分	望遠鏡	視準点	° ′ ″			° ′ ″
	R	自岸標尺下	90 33 20		R−L=2Z=	181 6 42
	L		269 26 38		Z=	90 33 21
		目盛 1.470	359 59 58		90±Z=β=	−0 33 21

時 分	望遠鏡	視準点	° ′ ″			° ′ ″
	L	自岸標尺上	270 31 6		R−L=2Z=	178 57 48
	R		89 28 54		Z=	89 28 54
9 45		目盛 1.570	360 0 0		90±Z=β=	0 31 6

時 分	望遠鏡	視準点				

時 分	望遠鏡	視準点				

時 分	望遠鏡	視準点				

備 考

測 器	○○○○	NO:	34703
標 尺	○○○○	NO:	6758B
温度＝	19		
気圧＝	1010	ダイヤル補正	5

ダイヤル補正は、距離測定時の気象補正量。

許容範囲

高度定数の較差

1級水準測量 ： 5秒

2～4級水準測量 ： 7秒

較差は、最初の自岸、対岸、最後の自岸の観測のそれぞれで行う。

渡海水準測量観測手簿（経緯儀法）

観測年月日 ○○○○年 5月26日 天候:晴 軟風 南

1級 基準点	渡海 1	測点	標識番号	T1
観測点	B≠C		観測者	○○ ○○

時 分	望遠鏡	視準点	°	′	″	距離		°	′	″
9 47	R	自岸標尺下	90	33	19		R-L=2Z=	181	6	40
	L		269	26	39		Z=	90	33	20
		目盛 1.470	359	59	58		90±Z=β=	−0	33	20

時 分	望遠鏡	視準点	°	′	″	距離		°	′	″
	L	自岸標尺上	270	31	9		R-L=2Z=	178	57	35
	R		89	28	44		Z=	89	28	48
		目盛 1.570	359	59	53		90±Z=β=	0	31	12

時 分	望遠鏡	視準点	°	′	″	距離		°	′	″
	R	渡海2	90	25	33	333.518	R-L=2Z=	180	51	9
	L		269	34	24	333.517	Z=	90	25	35
			359	59	57		90±Z=β=	−0	25	35

時 分	望遠鏡	視準点	°	′	″	距離		°	′	″
	L	渡海2	269	34	28		R-L=2Z=	180	50	59
	R		90	25	27		Z=	90	25	30
			359	59	55		90±Z=β=	−0	25	30

時 分	望遠鏡	視準点	°	′	″	距離		°	′	″
	R	自岸標尺下	90	33	16		R-L=2Z=	181	6	26
	L		269	26	50		Z=	90	33	13
		目盛 1.470	360	0	6		90±Z=β=	−0	33	13

時 分	望遠鏡	視準点	°	′	″	距離		°	′	″
	L	自岸標尺上	270	31	14		R-L=2Z=	178	57	34
	R		89	28	48		Z=	89	28	47
9 53		目盛 1.570	360	0	2		90±Z=β=	0	31	13

時 分	望遠鏡	視準点	°	′	″		°	′	″
	R					R-L=2Z=			
	L					Z=			
						90±Z=β=			

3セット以降掲載省略

時 分	望遠鏡	視準点	°	′	″		°	′	″
	R					R-L=2Z=			
	L					Z=			
						90±Z=β=			

時 分	望遠鏡	視準点	°	′	″		°	′	″
	R					R-L=2Z=			
	L					Z=			
						90±Z=β=			

備 考

測 器	○○○○	NO:	34703
標 尺	○○○○	NO:	6758B
温度＝	19		
気圧＝	1010	ダイヤル補正	5

経緯儀法

観測距離 ： 1kmまで
使用機器 ： 1級TS又は1級セオドライト、1級レベル（2～4級レベル）、1級標尺
セット数 ： 80×Skm
観測日数 ： 80×Sm÷40
読定単位 ： 自岸 1秒、対岸 1秒、距離 1mm
観測条件 ： 2式の器械による両岸同時観測

渡海水準測量観測手簿（経緯儀法）

観測年月日 ○○○○年 5月26日 天候:晴 軟風 南

1級 基準点	渡海 2	測点	標識番号	T2
観測点	B≠C		観測者	△△ △△

時 分	望遠鏡	視準点	°	′	″			°	′	″
9 40	R	自岸標尺下	90	25	59		R−L=2Z=	180	51	58
	L		269	34	1		Z=	90	25	59
		目盛 1.680	360	0	0		90±Z=β=	−0	25	59

時 分	望遠鏡	視準点	°	′	″			°	′	″
	L	自岸標尺上	270	24	31		R−L=2Z=	179	11	2
	R		89	35	33		Z=	89	35	31
		目盛 1.780	360	0	4		90±Z=β=	0	24	29

時 分	望遠鏡	視準点	°	′	″	距離		°	′	″
	R	渡海1	89	34	49	333.523	R−L=2Z=	179	9	44
	L		270	25	5	333.523	Z=	89	34	52
			359	59	54		90±Z=β=	0	25	8

時 分	望遠鏡	視準点	°	′	″			°	′	″
	L	渡海1	270	25	3		R−L=2Z=	179	9	49
	R		89	34	52		Z=	89	34	55
			359	59	55		90±Z=β=	0	25	5

時 分	望遠鏡	視準点	°	′	″			°	′	″
	R	自岸標尺下	90	26	2		R−L=2Z=	180	52	5
	L		269	33	57		Z=	90	26	3
		目盛 1.680	359	59	59		90±Z=β=	−0	26	3

時 分	望遠鏡	視準点	°	′	″			°	′	″
	L	自岸標尺上	270	24	30		R−L=2Z=	179	11	0
	R		89	35	30		Z=	89	35	30
9 45		目盛 1.780	360	0	0		90±Z=β=	0	24	30

時 分	望遠鏡	視準点	°	′	″			°	′	″
							R−L=2Z=			
							Z=			
							90±Z=β=			

時 分	望遠鏡	視準点	°	′	″			°	′	″
							R−L=2Z=			
							Z=			
							90±Z=β=			

時 分	望遠鏡	視準点	°	′	″			°	′	″
							R−L=2Z=			
							Z=			
							90±Z=β=			

備 考

測 器	○○○○	NO:	34692
標 尺	○○○○	NO:	6758A
温度＝	17		
気圧＝	1010	ダイヤル補正	3

- 経緯儀法には、TSと反射鏡による方法と、セオドライトのみによる方法がある。
- 1セットとは、自岸標尺の任意の2ヶ所（TSの水平位置の視準線から＋5cmと−5cmに設定）を各1対回観測→対岸の反射鏡又は、2ヶ所の目標板（セオドライトのみの場合）を2対回観測→自岸標尺の2ヶ所を1対回観測、この観測を両岸において同時に行う観測をいう。
- 反射鏡高は、1級レベルを用いてマイクロメータで読み取る。
- 1日のセット数は、20〜60セットを標準とする。
- 観測は、1日の午前（南中前3時間）と午後（南中後4時間）の同じセット数の観測を1対とした組み合わせで行う。

渡海水準測量観測手簿（経緯儀法）

観測年月日 ○○○○年 5月26日 天候:晴 軟風 南

1級 基準点	渡海 2	測点	標識番号	T2
観測点	B≠C		観測者	△△ △△

時 分	望遠鏡	視準点	°	′	″			°	′	″
9 47	R	自岸標尺下	90	26	2		R-L=2Z=	180	52	6
	L		269	33	56		Z=	90	26	3
		目盛 1.680	359	59	58		90±Z=β=	－0	26	3

時 分	望遠鏡	視準点	°	′	″			°	′	″
	L	自岸標尺上	270	24	22		R-L=2Z=	179	11	14
	R		89	35	36		Z=	89	35	37
		目盛 1.780	359	59	58		90±Z=β=	0	24	23

時 分	望遠鏡	視準点	°	′	″	距離		°	′	″
	R	渡海1	89	35	5	333.523	R-L=2Z=	179	10	9
	L		270	24	56	333.524	Z=	89	35	5
			360	0	1		90±Z=β=	0	24	55

時 分	望遠鏡	視準点	°	′	″			°	′	″
	L	渡海1	270	25	4		R-L=2Z=	179	9	56
	R		89	35	0		Z=	89	34	58
			360	0	4		90±Z=β=	0	25	2

時 分	望遠鏡	視準点	°	′	″			°	′	″
	R	自岸標尺下	90	26	10		R-L=2Z=	180	52	11
	L		269	33	59		Z=	90	26	6
		目盛 1.680	360	0	9		90±Z=β=	－0	26	6

時 分	望遠鏡	視準点	°	′	″			°	′	″
	L	自岸標尺上	270	24	31		R-L=2Z=	179	11	8
	R		89	35	39		Z=	89	35	34
9 53		目盛 1.780	360	0	10		90±Z=β=	0	24	26

時 分	望遠鏡	視準点	°	′	″			°	′	″
							R-L=2Z=			
							Z=			
							90±Z=β=			

3セット以降掲載省略

時 分	望遠鏡	視準点	°	′	″			°	′	″
							R-L=2Z=			
							Z=			
							90±Z=β=			

時 分	望遠鏡	視準点	°	′	″			°	′	″
							R-L=2Z=			
							Z=			
							90±Z=β=			

備 考

測 器	○○○○	NO:	34692
標 尺	○○○○	NO:	6758A
温度＝	17		
気圧＝	1010	ダイヤル補正	3

この反射鏡高測定手簿は、手簿の様式例であり、この記載要領における渡海水準（経緯儀法）の一連の計算とは一致しない。

渡海（河）水準測量　反射鏡高　測定手簿

測点名：渡 2

観測者：○○ ○○　　手簿者：○○ ○○

器械名：ウィルド N3　　No：○○○○○○

標尺名：ウィルド　　No：○○○○A・B

ミラー：○○○　1素子

観測年月日：○○ 年　9月　10日　　天候：晴　無風

測定時刻：9:39 mm 標　尺＝ 9.9（マイクロメータの読定値） ミラー＝ −1.6（マイクロメータの読定値） 差　＝ 8.3 ✓ m 標尺目盛：1.48　1cm位まで 差　＝ 0.0083 ミラー高：1.4883 ✓　0.1mm位まで	測定時刻：11:55 mm 標　尺＝ 9.3（マイクロメータの読定値） ミラー＝ −1.0（マイクロメータの読定値） 差　＝ 8.3 ✓ m 標尺目盛：1.48 差　＝ 0.0083 ミラー高：1.4883 ✓
測定時刻：13:20 mm 標　尺＝ 8.8（マイクロメータの読定値） ミラー＝ −0.5（マイクロメータの読定値） 差　＝ 8.3 ✓ m 標尺目盛：1.48　1cm位まで 差　＝ 0.0083 ミラー高：1.4883 ✓　0.1mm位まで	測定時刻：15:15 mm 標　尺＝ 8.6（マイクロメータの読定値） ミラー＝ −0.4（マイクロメータの読定値） 差　＝ 8.2 ✓ m 標尺目盛：1.48 差　＝ 0.0082 ミラー高：1.4882 ✓
測定時刻：　: mm 標　尺＝ .（マイクロメータの読定値） ミラー＝ − .（マイクロメータの読定値） 差　＝ . m 標尺目盛： .　1cm位まで 差　＝ . ミラー高： .　0.1mm位まで	測定時刻：　: mm 標　尺＝ .（マイクロメータの読定値） ミラー＝ − .（マイクロメータの読定値） 差　＝ . m 標尺目盛： . 差　＝ . ミラー高： .
測定時刻：　: mm 標　尺＝ .（マイクロメータの読定値） ミラー＝ − .（マイクロメータの読定値） 差　＝ . m 標尺目盛： .　1cm位まで 差　＝ . ミラー高： .　0.1mm位まで	測定時刻：　: mm 標　尺＝ .（マイクロメータの読定値） ミラー＝ − .（マイクロメータの読定値） 差　＝ . m 標尺目盛： . 差　＝ . ミラー高： .

（4）計　算　簿

令和○○年度

○級水準測量

○○地区

計　算　簿

計画機関　○○○○

作業機関　○○○○株式会社

イ. 点検計算

点検計算

路線番号		距離	観測高低差	
		km	m	
環(Ⅰ)	(2)	3.162	+118.1932	
	(7)	13.281	+58.7146	
	(4)	13.350	−176.9046	
	計	29.793	+0.0032	閉合差
			10.9	許容範囲:2mm√S

環閉合差の点検

路線番号		距離	観測高低差	
		km	m	
環(Ⅱ)	(3)	11.252	−30.9117	
	(5)	20.105	+89.6339	
	(7)	13.281	−58.7146	
	計	44.638	+0.0076	閉合差
			13.3	許容範囲:2mm√S

路線番号		距離	観測高低差	
1115		km	m	H=4.3830 既知点成果
~	(1)	1.083	−0.2296	
	(4)	13.350	+176.9046	
2812				H=181.0624 既知点成果
	計	14.433	+176.6750	+176.6794 既知点高低差
			−0.0044	閉合差
			56.9	許容範囲:15mm√S

既知点間の閉合差の点検

路線番号		距離	観測高低差	
2812		km	m	H=181.0624 既知点成果
~	(5)	20.105	−89.6339	
	(6)	2.380	−41.1818	
1117				H=50.2545 既知点成果
	計	22.485	−130.8157	−130.8079 既知点高低差
			−0.0078	閉合差
			71.1	許容範囲:15mm√S

許容範囲

	環閉合差	既知点間の閉合差
1級水準測量	2mm√Skm	15mm√Skm
2級水準測量	5mm√Skm	15mm√Skm
3級水準測量	10mm√Skm	15mm√Skm
4級水準測量	20mm√Skm	25mm√Skm
簡易水準測量	40mm√Skm	50mm√Skm

＊Sは観測距離(片道、km単位)

ロ．渡海（河）水準測量高低計算（俯仰ねじ法）

渡海（河）水準測量高低計算（俯仰ねじ法）

観測点	渡1	渡1	渡1	以下省略	
セット	am−1	am−2	am−3		
観測月日 平均観測時刻	3月10日 9時32分	9時37分	9時41分		
天候	晴軟風北西				
温度（℃）	13				
気圧（hpa）	1023				
測器 NO	△△△△ △△□□				
観測者	○○ ○○				
L_2 =	2.60 ✓	2.60 ✓	2.60 ✓		
L_1 =	1.00 ✓	1.00 ✓	1.00 ✓		
$L_2 - L_1$ =	1.60 ✓	1.60 ✓	1.60 ✓		
m_2 =	136.0 ✓	136.7 ✓	136.7 ✓		
m_0 =	84.1 ✓	84.6 ✓	84.5 ✓		
m_1 =	26.8 ✓	27.0 ✓	27.1 ✓		
$m_2 - m_1$ =	109.2 ✓	109.7 ✓	109.6 ✓		
$m_0 - m_1$ =	57.3 ✓	57.6 ✓	57.4 ✓		
$\frac{m_0 - m_1}{m_2 - m_1}$ =	0.5247 ✓	0.5251 ✓	0.5237 ✓		
$\frac{m_0 - m_1}{m_2 - m_1}(L_2 - L_1) = K$ =	0.8395 ✓	0.8402 ✓	0.8379 ✓		
L_1 =	1.00 ✓	1.00 ✓	1.00 ✓		
$K + L_1 = L_0$ =	1.8395 ✓	1.8402 ✓	1.8379 ✓		
L =	1.7910 ✓	1.7910 ✓	1.7910 ✓		
$L - L_0 = h1$ =	−0.0485 ✓	−0.0492 ✓	−0.0469 ✓		

渡海（河）水準測量高低計算（俯仰ねじ法）

観測点	渡2	渡2	渡2	以下省略	
セット	am−1	am−2	am−3		
観測月日 平均観測時刻	3月10日 9時32分	9時37分	9時41分		
天候	晴軟風北西				
温度 (℃)	12				
気圧 (hpa)	1026				
測器 NO	△△△△ △△××				
観測者	△△ △△				
L_2 =	2.60 ✓	2.60 ✓	2.60 ✓		
L_1 =	1.00 ✓	1.00 ✓	1.00 ✓		
$L_2 - L_1$ =	1.60 ✓	1.60 ✓	1.60 ✓		
m_2 =	148.6 ✓	148.9 ✓	149.0 ✓		
m_0 =	97.4 ✓	97.9 ✓	98.1 ✓		
m_1 =	38.4 ✓	38.9 ✓	39.0 ✓		
$m_2 - m_1$ =	110.2 ✓	110.0 ✓	110.0 ✓		
$m_0 - m_1$ =	59.0 ✓	59.0 ✓	59.1 ✓		
$\frac{m_0 - m_1}{m_2 - m_1}$ =	0.5354 ✓	0.5364 ✓	0.5373 ✓		
$\frac{m_0 - m_1}{m_2 - m_1}(L_2 - L_1) = K$ =	0.8566 ✓	0.8582 ✓	0.8597 ✓		
L_1 =	1.00 ✓	1.00 ✓	1.00 ✓		
$K + L_1 = L_0$ =	1.8566 ✓	1.8582 ✓	1.8597 ✓		
L =	1.7278 ✓	1.7278 ✓	1.7278 ✓		
$L - L_0 = h2$ =	−0.1288 ✓	−0.1304 ✓	−0.1319 ✓		

渡海（河）水準測量高低計算の結果（俯仰ねじ法）

セット		h_1 (m)	h_2 (m)	$(h_1-h_2)/2$ (m)	h (m)	δ (mm)	$\delta\delta$ (mm)
1	am−1	−0.0485 ✓	−0.1288 ✓	0.0402	0.0456	23.9	571.21
	pm−12	−0.0383 ✓	−0.1402 ✓	0.0510			
2	am−2	−0.0492 ✓	−0.1304 ✓	0.0406	0.0454	24.1	580.81
	pm−11	−0.0332 ✓	−0.1335 ✓	0.0502			
3	am−3	−0.0469 ✓	−0.1319 ✓	0.0425	0.0485	21.0	441.00
	pm−10	−0.0299 ✓	−0.1386 ✓	0.0544			
途中省略							
11	am−11	−0.0513 ✓	−0.1707 ✓	0.0597	0.0730	−3.5	12.25
	pm−2	−0.0357 ✓	−0.2081 ✓	0.0862			
12	am−12	−0.0441 ✓	−0.1655 ✓	0.0607	0.0698	−0.3	0.09
	pm−1	−0.0521 ✓	−0.2097 ✓	0.0788			
				平均＝	0.0695 ✓	$\sum\delta\delta$ ＝	3608.51 ✓

1日の南中時を挟んだ同じ時間帯の組み合わせで往復観測を整理

$$m=\sqrt{\frac{\sum\delta\delta}{n-1}}=18.11\ \text{mm}\ ✓$$

$$M=\frac{m}{\sqrt{n}}=5.23\ \text{mm}\ ✓$$

この標準偏差を使用して、直接水準路線と渡海水準路線が混在する水準網平均計算の重量を求める。

渡海水準測量観測記簿及び高低計算簿　（経緯儀法）

午前の往方向観測

1　am-R　自（　）　渡海 1　至（　）　渡海 2

目標高 下、上	自岸標尺高度角 下α、上α	器械高 i	番号	年月日 時刻	対岸高度角	距離	高低差 Δh	対岸 反射鏡高 f	高低差 ΔH
m	° ′ ″	m			° ′ ″	m	m	m	m
1.470	− 0 33 21	1.5218	1	○○○○年 5月	− 0 25 27	333.518	−2.4690	1.7315	−2.6787
1.570	0 31 3			26日晴れ軟風南	− 0 25 27		−2.4690		−2.6787
	− 0 33 21	1.5217		9 40					
	0 31 6			9 45					
	平均＝	1.5218							
対岸高低差 L＝			2.6457		観測者	○○ ○○		平均＝	−2.6787

2　am-R　自（　）　渡海 1　至（　）　渡海 2

目標高 下、上	自岸標尺高度角 下α、上α	器械高 i	番号	年月日 時刻	対岸高度角	距離	高低差 Δh	対岸 反射鏡高 f	高低差 ΔH
m	° ′ ″	m			° ′ ″	m	m	m	m
1.470	− 0 33 20	1.5217	2	○○○○年 5月	− 0 25 35	333.518	−2.4820	1.7317	−2.6920
1.570	0 31 12			26日晴れ軟風南	− 0 25 30		−2.4739		−2.6839
	− 0 33 13	1.5216		9 47					
	0 31 13			9 53					
	平均＝	1.5217							
対岸高低差 L＝			2.6331		観測者	○○ ○○		平均＝	−2.6880

3　am-R　自（　）　渡海 1　至（　）　渡海 2

目標高 下、上	自岸標尺高度角 下α、上α	器械高 i	番号	年月日 時刻	対岸高度角	距離	高低差 Δh	対岸 反射鏡高 f	高低差 ΔH
m	° ′ ″	m			° ′ ″	m	m	m	m
1.470	− 0 33 13	1.5216	3	○○○○年 5月	− 0 25 26	333.518	−2.4674	1.7316	−2.6774
1.570	0 31 9			26日晴れ軟風南	− 0 25 28		−2.4707		−2.6807
	− 0 33 12	1.5216		9 55					
	0 31 9			10 2					
	平均＝	1.5216							
対岸高低差 L＝			2.6257		観測者	○○ ○○		平均＝	−2.6791

4　am-R　自（　）　渡海 1　至（　）　渡海 2

目標高 下、上	自岸標尺高度角 下α、上α	器械高 i	番号	年月日 時刻	対岸高度角	距離	高低差 Δh	対岸 反射鏡高 f	高低差 ΔH
m	° ′ ″	m			° ′ ″	m	m	m	m
1.470	− 0 33 16	1.5216	4	○○○○年 5月	− 0 25 28	333.518	−2.4707	1.7318	−2.6809
1.570	0 31 9			26日晴れ軟風南	− 0 25 25		−2.4658		−2.6760
	− 0 33 15	1.5216		10 5					
	0 31 8			10 12					
	平均＝	1.5216							
対岸高低差 L＝			2.6292		観測者	○○ ○○		平均＝	−2.6785

・対岸反射鏡高（f）は、1級レベルを用いてマイクロメータで読み取った値
・対岸高低差（L）は、対岸において同時観測した高低差（ΔH）の平均値

渡海水準測量観測記簿及び高低計算簿 （経緯儀法）

午前の復方向観測

1 am−L　自(　　)　渡海 2　至(　　)　渡海 1

目標高 下、上	自岸標尺高度角 下α、上α	器械高 i	番号	年月日 時刻	対岸高度角	距離	高低差 Δh	対岸 反射鏡高 f	高低差 ΔH
m	°　′　″	m			°　′　″	m	m	m	m
1.680	− 0　25　59	1.7315	1	○○○○年 5月 26日晴れ軟風南	0　25　8	333.523	2.4384	1.5218	2.6481
1.780	0　24　29				0　25　5		2.4335		2.6432
	− 0　26　3	1.7315		9　40					
	0　24　30			9　45					
	平均＝	1.7315							
対岸高低差　L＝			−2.6787		観測者	△△　△△		平均＝	2.6457

2 am−L　自(　　)　渡海 2　至(　　)　渡海 1

目標高 下、上	自岸標尺高度角 下α、上α	器械高 i	番号	年月日 時刻	対岸高度角	距離	高低差 Δh	対岸 反射鏡高 f	高低差 ΔH
m	°　′　″	m			°　′　″	m	m	m	m
1.680	− 0　26　3	1.7317	2	○○○○年 5月 26日晴れ軟風南	0　24　55	333.524	2.4173	1.5216	2.6274
1.780	0　24　23				0　25　2		2.4287		2.6388
	− 0　26　6	1.7316		9　45					
	0　24　26			9　53					
	平均＝	1.7317							
対岸高低差　L＝			−2.6880		観測者	△△　△△		平均＝	2.6331

3 am−L　自(　　)　渡海 2　至(　　)　渡海 1

目標高 下、上	自岸標尺高度角 下α、上α	器械高 i	番号	年月日 時刻	対岸高度角	距離	高低差 Δh	対岸 反射鏡高 f	高低差 ΔH
m	°　′　″	m			°　′　″	m	m	m	m
1.680	− 0　26　5	1.7316	3	○○○○年 5月 26日晴れ軟風南	0　24　54	333.523	2.4157	1.5216	2.6257
1.780	0　24　27				0　24　54		2.4157		2.6257
	− 0　26　3	1.7316		9　55					
	0　24　25			10　2					
	平均＝	1.7316							
対岸高低差　L＝			−2.6791		観測者	△△　△△		平均＝	2.6257

4 am−L　自(　　)　渡海 2　至(　　)　渡海 1

目標高 下、上	自岸標尺高度角 下α、上α	器械高 i	番号	年月日 時刻	対岸高度角	距離	高低差 Δh	対岸 反射鏡高 f	高低差 ΔH
m	°　′　″	m			°　′　″	m	m	m	m
1.680	− 0　26　6	1.7317	4	○○○○年 5月 26日晴れ軟風南	0　24　56	333.524	2.4190	1.5216	2.6292
1.780	0　24　22				0　24　56		2.4190		2.6292
	− 0　26　9	1.7318		10　5					
	0　24　22			10　12					
	平均＝	1.7318							
対岸高低差　L＝			−2.6785		観測者	△△　△△		平均＝	2.6292

渡海水準測量高低計算(経緯儀法)

自: 渡海 1　　　　至: 渡海 2

AM	観測年月日	開始時刻	終了時刻	ΔHの平均	対岸高低差 L	(h1-h2)/2	δ	δδ	標準偏差	備 考
1 セット	○○○○年 5月26日 晴れ軟風南	9 40	9 45	−2.6787	2.6457	−2.6622	−6.7	44.89		
2 セット		9 45	9 53	−2.6880	2.6331	−2.6606	−5.1	26.01		
3 セット		9 55	10 2	−2.6791	2.6257	−2.6524	3.1	9.61		
4 セット		10 5	10 12	−2.6785	2.6292	−2.6539	1.6	2.56		
5 セット		10 14	10 19	−2.6845	2.6251	−2.6548	0.7	0.49		
6 セット		10 22	10 26	−2.6784	2.6274	−2.6529	2.6	6.76		
7 セット		10 28	10 33	−2.6806	2.6220	−2.6513	4.2	17.64		
8 セット		10 35	10 40	−2.6842	2.6274	−2.6558	−0.3	0.09		
	平 均			−2.6815	2.6295	−2.6555	Σ＝	108.05	1.39	

午前の往復同時観測
観測時間の早い順に整理

自: 渡海 1　　　　至: 渡海 2

PM	観測年月日	開始時刻	終了時刻	ΔHの平均	対岸高低差 L	(h1-h2)/2	δ	δδ	標準偏差	備 考
8 セット	○○○○年 5月26日 晴れ軟風南	13 16	13 21	−2.6734	2.6532	−2.6633	−3.1	9.61		
7 セット		13 9	13 14	−2.6681	2.6511	−2.6596	0.6	0.36		
6 セット		13 1	13 7	−2.6758	2.6477	−2.6618	−1.6	2.56		
5 セット		12 53	12 58	−2.6723	2.6525	−2.6624	−2.2	4.84		
4 セット		12 45	12 51	−2.6652	2.6549	−2.6601	0.1	0.01		
3 セット		12 38	12 43	−2.6603	2.6627	−2.6615	−1.3	1.69		
2 セット		12 32	12 36	−2.6545	2.6487	−2.6516	8.6	73.96		
1 セット		12 25	12 30	−2.6734	2.6488	−2.6611	−0.9	0.81		
	平 均			−2.6679	2.6525	−2.6602	Σ＝	93.68	1.29	

午後の往復同時観測
観測時間の遅い順に整理

AMとPMの組み合わせ計算　　　　○○○○年 5月26日 晴れ軟風

	観測の対回組み合わせ			ΔHの平均	対岸高低差 L	(h1-h2)/2	δ	δδ	標準偏差	備 考
1 セット	AM−1, PM−8			−2.6761	2.6495	−2.6628	−4.9	24.01		
2 セット	AM−2, PM−7			−2.6781	2.6421	−2.6601	−2.2	4.84		
3 セット	AM−3, PM−6			−2.6775	2.6367	−2.6571	0.8	0.64		
4 セット	AM−4, PM−5			−2.6754	2.6409	−2.6582	−0.3	0.09		
5 セット	AM−5, PM−4			−2.6749	2.6400	−2.6575	0.4	0.16		
6 セット	AM−6, PM−3			−2.6694	2.6451	−2.6573	0.6	0.36		
7 セット	AM−7, PM−2			−2.6676	2.6354	−2.6515	6.4	40.96		
8 セット	AM−8, PM−1			−2.6788	2.6381	−2.6585	−0.6	0.36		
	平 均			−2.6747	2.6410	−2.6579	Σ＝	71.42	1.13	

1日の南中時を挟んだ
同じ時間帯の組み合わ
せで往復観測を整理

渡海水準測量高低計算

自：　渡海　1　　　　　至：　渡海　2

AM	観測年月日	開始時刻	終了時刻	ΔHの平均	対岸高低差 L	(h1-h2)/2	δ	δδ	標準偏差	備　考
1 セット	○○○○年 5月27日　曇軟風南東	10　27	10　41	−2.6666	2.6511	−2.6589	3.97	15.7510		
2 セット		10　44	11　1	−2.6729	2.6413	−2.6571	5.72	32.7041		
3 セット		11　4	11　17	−2.6813	2.6592	−2.6703	−7.43	55.2235		
4 セット		11　20	11　29	−2.6701	2.6467	−2.6584	4.42	19.5254		
5 セット		11　32	11　41	−2.6732	2.6529	−2.6631	−0.23	0.0535		
6 セット		11　45	11　54	−2.6855	2.6527	−2.6691	−6.28	39.4541		
7 セット		12　13	12　22	−2.6807	2.6582	−2.6695	−6.63	43.9735		
8 セット		12　25	12　34	−2.6766	2.6361	−2.6564	6.47	41.8447		
	平　　均			−2.6759	2.6498	−2.6628	Σ＝	248.5297	2.11	

自：　渡海　1　　　　　至：　渡海　2

PM	観測年月日	開始時刻	終了時刻	ΔHの平均	対岸高低差 L	(h1-h2)/2	δ	δδ	標準偏差	備　考
8 セット	○○○○年 5月27日　曇軟風南東	14　57	15　2	−2.6729	2.6457	−2.6593	9.11	83.0377		
7 セット		14　45	14　55	−2.6801	2.6635	−2.6718	−3.39	11.4752		
6 セット		14　32	14　43	−2.6736	2.6607	−2.6672	1.26	1.5939		
5 セット		14　22	14　30	−2.6720	2.6722	−2.6721	−3.69	13.5977		
4 セット		14　11	14　20	−2.6806	2.6558	−2.6682	0.21	0.0452		
3 セット		14　0	14　8	−2.6705	2.6606	−2.6656	2.86	8.1939		
2 セット		13　48	13　58	−2.6799	2.6739	−2.6769	−8.49	72.0377		
1 セット		13　35	13　46	−2.6796	2.6530	−2.6663	2.11	4.4627		
	平　　均			−2.6762	2.6607	−2.6684	Σ＝	194.4438	1.86	

AMとPMの組み合わせ計算　　　　○○○○年 5月27日　曇軟風

	観測の対回組み合わせ			ΔHの平均	対岸高低差 L	(h1-h2)/2	δ	δδ	標準偏差	備　考
1 セット	AM-1, PM-8			−2.6698	2.6484	−2.6591	6.54	42.7798		
2 セット	AM-2, PM-7			−2.6765	2.6524	−2.6645	1.17	1.3587		
3 セット	AM-3, PM-6			−2.6775	2.6600	−2.6687	−3.08	9.5134		
4 セット	AM-4, PM-5			−2.6711	2.6595	−2.6653	0.37	0.1337		
5 セット	AM-5, PM-4			−2.6769	2.6544	−2.6656	−0.01	0.0001		
6 セット	AM-6, PM-3			−2.6780	2.6567	−2.6673	−1.71	2.9220		
7 セット	AM-7, PM-2			−2.6803	2.6661	−2.6732	−7.56	57.1442		
8 セット	AM-8, PM-1			−2.6781	2.6446	−2.6613	4.29	18.4095		
	平　　均			−2.6760	2.6552	−2.6656	Σ＝	132.2612	1.54	

渡海水準測量高低計算

自：渡海　1　　　　至：渡海　2

	観測の対回組み合わせ			ΔHの平均	対岸高低差 L	(h1−h2)/2	δ	δδ	標準偏差	備　考
1 セット	○○○○年 5月26日　晴れ軟風南					−2.6628	−1.1	1.21		
2 セット						−2.6601	1.6	2.56		
3 セット						−2.6571	4.6	21.16		
4 セット						−2.6582	3.5	12.25		
5 セット						−2.6575	4.2	17.64		
6 セット						−2.6573	4.4	19.36		
7 セット						−2.6515	10.3	105.06		
8 セット						−2.6585	3.2	10.56		
1 セット	○○○○年 5月27日　曇軟風西					−2.6591	2.6	6.76		
2 セット						−2.6645	−2.8	7.84		
3 セット						−2.6687	−7.0	49.00		
4 セット						−2.6653	−3.6	12.96		
5 セット						−2.6656	−3.9	15.21		
6 セット						−2.6673	−5.6	31.36		
7 セット						−2.6732	−11.5	132.25		
8 セット						−2.6613	0.4	0.16		
					高低差＝	−2.6617 ✓	Σ＝	445.3450 ✓	1.36 ✓	
					前回高低差＝	−2.6676 ✓				
					差＝	0.0059 ✓				

この標準偏差を使用して、直接水準路線と渡海水準路線が混在する水準網平均計算の重量を求める。

水準網平均計算のための重量計算

直接水準路線と渡海水準路線が混在する網の平均計算（観測方程式による）

1．環閉合差の計算

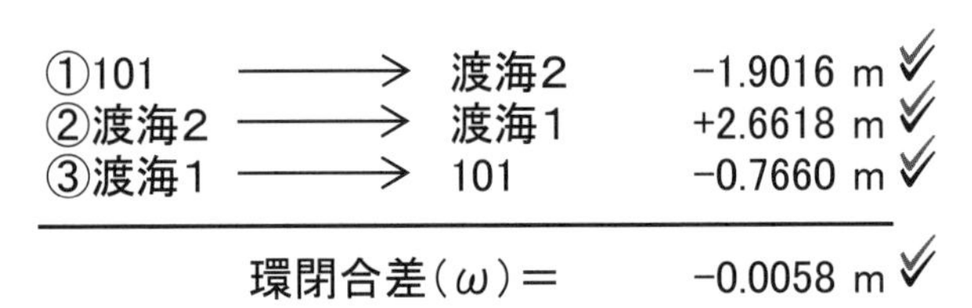

①101 ⟶ 渡海2　−1.9016 m

②渡海2 ⟶ 渡海1　+2.6618 m

③渡海1 ⟶ 101　−0.7660 m

環閉合差（ω）＝　−0.0058 m

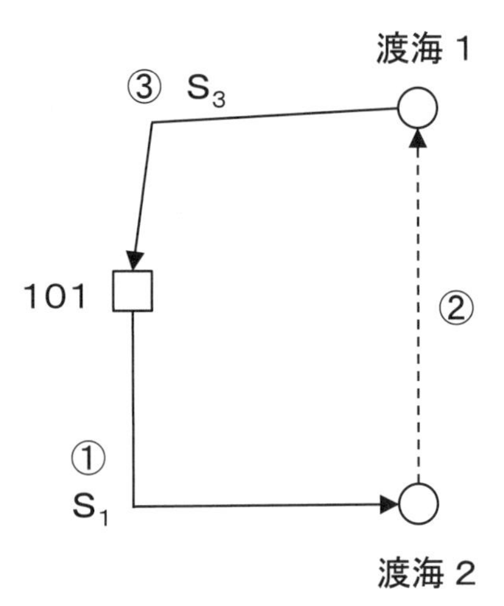

2．標準偏差の計算

2．1　直接水準路線の標準偏差

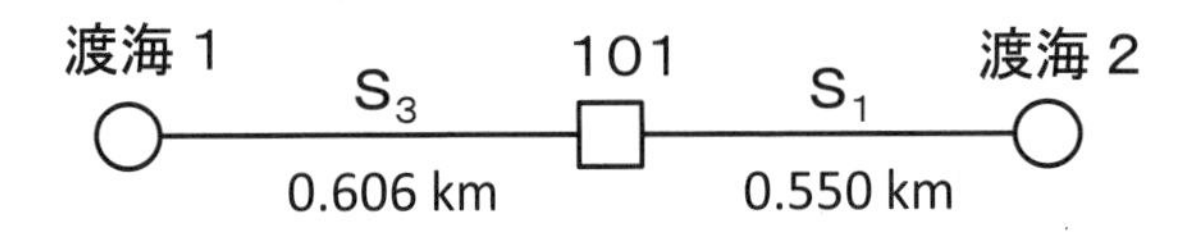

$m_i = m_0\sqrt{S}$　　m_i ：直接水準路線 の標準偏差

m_0 ：単位距離当たりの標準偏差　0.6mm

S　：直接水準測量の路線長（km単位）

①路線の標準偏差　$m_1 = 0.6\text{mm} \times \sqrt{0.550} = 0.44\text{mm}$

③路線の標準偏差　$m_3 = 0.6\text{mm} \times \sqrt{0.606} = 0.47\text{mm}$

2．2　渡海水準路線の標準偏差

$m_2 = 1.34\text{mm}$　（渡海水準測量高低計算より）

3．重量の計算

$P_i = \frac{1}{{m_i}^2}$　　P_i ：重量　　m_i ：標準偏差

①路線の重量　$P_1 = \frac{1}{0.44^2} = 5.17$

②路線の重量　$P_2 = \frac{1}{1.34^2} = 0.56$

③路線の重量　$P_3 = \frac{1}{0.47^2} = 4.53$

ホ. 正規正標高補正計算(楕円補正)

正規正標高補正(楕円補正)の計算

路線番号 水準点番号	(1) 1115～2200	(2) 2200～2202	(3) 2202～2207	(4) 2812～2200
	° ′	° ′	° ′	° ′
B1=	34 58.8 ✓	34 58.3 ✓	34 57.3 ✓	34 56.9 ✓
B2=	34 58.3 ✓	34 57.3 ✓	34 52.7 ✓	34 58.3 ✓
B1−B2=	0 0.5	0 1.0	0 4.6	−0 1.4
B1+B2=	69 57.1	69 55.6	69 50.0	69 55.2
H=	4.0	45.0	166.0	198.0
K=	0.0	0.1	1.1	−0.4

路線番号 水準点番号	(5) 2812～2207	(6) 1117～2207	(7) 2812～2202	
	° ′	° ′	° ′	
B1=	34 56.9 ✓	34 51.8 ✓	34 56.9 ✓	
B2=	34 52.7 ✓	34 52.7 ✓	34 57.3 ✓	
B1−B2=	0 4.2	−0 0.9	−0 0.4	
B1+B2=	69 49.6	69 44.5	69 54.2	
H=	377.0	71.0	156.0	
K=	2.3	−0.1	−0.1	

正規正標高補正計算(楕円補正)

$$K = 5.28 \cdot \sin(B_1 + B_2)\frac{B_1 - B_2}{\rho'}H$$

ただし、

K: 正規正標高補正量(㎜単位)

B_1 、B_2: 水準路線の出発点及び終末点(又は変曲点)の緯度(分単位)

H: 水準路線の平均標高(m単位)

$$\rho' = \frac{180°}{\pi} \cdot 60'$$

正規正標高補正計算(楕円補正)は、1級水準測量及び2級水準測量について行う。ただし、1級水準測量においては、正標高補正計算を用いることができる。

ヘ. 正標高補正計算

正標高補正の計算

路線番号 水準点番号	（1） 812-1～817-1	（1） 817-1～815-1
	m	m
H1=	23.4205 ✓	22.4533 ✓
ΔH =	-0.9672 ✓	-9.6086 ✓
H2(H1+ΔH)=	22.4533 ✓	12.8447 ✓
	mGal	mGal
g1=	979748.30 ✓	979745.20 ✓
g2=	979745.20 ✓	979751.00 ✓
G1=	979749.29 ✓	979746.15 ✓
G2=	979746.15 ✓	979751.54 ✓
	m	m
ΔG=	0.00007	-0.00009

正標高補正計算（実測の重力値による補正）

$$\Delta G = \left\{\left(\frac{g_1 + g_2}{2}\right) - \gamma_0\right\}\left\{\frac{\Delta H}{\gamma_0}\right\} + \left\{\frac{H_1(G_1 - \gamma_0)}{\gamma_0}\right\} - \left\{\frac{H_2(G_2 - \gamma_0)}{\gamma_0}\right\}$$

ただし、

ΔG ：正標高補正量（m単位）
g_1、g_2 ：水準点1、2における実測重力値（地表重力値　mGal単位）
（地表重力値は、国土地理院のホームページで経緯度、標高を引数に求めることが出来る）
ΔH ：水準点1から水準点2の観測高低差（m単位）
γ_0 ：980619.92mGal（緯度45度における正規重力値　mGal単位）
H_1、H_2 ：水準点1、2における標高（概算正標高　m単位）
G_1、G_2 ：水準点1、2における鉛直平均重力値（mGal単位）
（地表からジオイド面までの平均重力値）

$$G_1 = g_1 + 0.0424 \cdot H_1$$
$$G_2 = g_2 + 0.0424 \cdot H_2$$

1級水準測量においては、正規正標高補正計算（楕円補正）に代えて正標高補正計算（実測の重力値による補正）を用いることができる。

ト. 地盤沈下変動補正計算

地盤沈下変動補正計算

水準点名	新観測 T_2	ΔH_2	旧観測 T_1	ΔH_1	$\Delta H_2-\Delta H_1$	T_2-T_1	$T-T_2$	Δh	基準日 T
		m		m	m			m	****/1/1
(7) 1005									
1005–1135	****/1/22	0.0279	2010/1/10	0.0298	−0.0019	377	−21	0.0001	
1135									
(8) 1086									
1086–1004	****/1/28	−2.0596	2010/1/18	−2.0614	0.0018	375	−27	−0.0001	
1004–1020	****/1/28	−1.0328	2010/1/18	−1.0323	−0.0005	375	−27	0	
1020–1021	****/1/28	0.0705	2010/1/18	0.0723	−0.0018	375	−27	0.0001	
1021									
(9) 1014									
1014–1018	****/1/29	−25.1552	2010/1/19	−25.1574	0.0022	375	−28	−0.0002	
1018									
(10) 1001			（旧観測1001～1003）						距離
1001–1002	****/2/5	−0.0355						−0.0002	0.200km
1002–1003	****/2/6	−0.0845						−0.0004	0.505km
1003	****/2/6	−0.1200	2010/1/20	−0.1259	0.0059	382	−36	−0.0006	
(11) 1022									
1022–1023	****/2/8	6.4711	2010/2/11	6.4728	−0.0017	362	−38	0.0002	
1023–1024	****/2/9	−3.0895	2010/2/12	−3.0891	−0.0004	362	−39	0	
1024–1025	****/2/9	−2.5432	2010/2/12	−2.5454	0.0022	362	−39	−0.0002	
1025									
(12) 1051			（No.1052再設）						距離
1051–1052	****/1/30	1.0008	2010/2/15	0.8932				0.0003	1.391km
1052–1053	****/1/29	−0.6695	2010/2/17	−0.5563				0.0002	1.056km
1053	****/1/30	0.3313	2010/2/16	0.3369	−0.0056	348	−29	0.0005	

旧観測では水準点1002がない。

距離の比で各点に配分する。

水準点1052を再設したため、1052の旧観測値は使えない。

$$\Delta h = \frac{\Delta H_2 - \Delta H_1}{T_2 - T_1}(T - T_2)$$

ただし、

Δh ：ΔH_2に対する変動補正量
T_1 ：旧観測月日
T_2 ：新観測月日
T ：統一する月日
ΔH_1 ：T_1における観測高低差
ΔH_2 ：T_2における観測高低差

チ. 水準網平均計算

水準網平均計算

令和〇〇年度〇〇地区　　1級水準測量

既知点数　　3

交点数　　3

路線数　　7

単位重量当たりの標準偏差　　0.79 mm

計算日　　〇〇〇〇/5/27

検定番号(日本測量協会) №.〇〇〇

プログラム管理者　　〇〇〇〇

許容範囲

単位重量当たりの観測の標準偏差

1級水準測量	2mm
2級水準測量	5mm
3級水準測量	10mm
4級水準測量	20mm
簡易水準測量	40mm

既知点成果

水準点名	標高
1115	4.3830 ✓
1117	50.2545 ✓
2812	181.0624 ✓

入力データ

路線番号　1

水準点名	距離	高低差 I	高低差 II	標尺補正量	緯度	楕円補正量
	km	m	m	mm	度 分	mm
1115					3458.8 ✓	0.0
	1.083 ✓	−0.2299 ✓	−0.2293 ✓	0.0		
2200					3458.3 ✓	0.0
合計	1.083					

観測データは、路線毎に入力する。

入力データ

路線番号　2

水準点名	距離	高低差		標　尺 補正量	緯　度	楕　円 補正量
		I	II			
	km	m	m	mm	度 分	mm
2200					3458.3	
	0.631	5.2410	5.2411	0.0		0.0
2201						
	2.531	112.9516	112.9536	−0.5		0.1
2202					3457.3	
合計	3.162					

入力データ

路線番号　3

水準点名	距離	高低差 I	高低差 II	標尺補正量	緯度	楕円補正量
	km	m	m	mm	度分	mm
2202					3457.3	
	1.681	27.8469	27.8465	−0.1		0.2
2203						
	3.064	73.0782	73.0766	0.1		0.3
2204						
	2.271	5.7935	5.7932	0.0		0.2
2205						
	1.466	−47.3657	−47.3672	0.0		0.1
2206						
	2.770	−90.2624	−90.2633	−0.2		0.3
2207					3452.7	
合計	11.252					

入力データ

路線番号　　4

水準点名	距離	高低差		標　尺	緯　度	楕　円
		I	II	補正量		補正量
	km	m	m	mm	度 分	mm
2812					3456.9	
	1.016	18.0445	18.0447	0.1		0.0
2811						
	1.232	45.2414	45.2424	0.1		−0.1
2810						
	1.034	61.4383	61.4375	0.1		0.0
2809						
	0.890	45.0742	45.0753	0.1		0.0
2808						
	1.336	−38.5996	−38.5992	0.1		−0.1
2807						
	1.080	−0.9625	−0.9619	0.0		0.0
2806						
	1.114	−68.2018	−68.2032	0.3		0.0
2805						
	1.034	−48.4834	−48.4845	0.2		−0.1
2804						
	1.076	−58.2530	−58.2532	0.2		0.0
2803						
	0.926	−51.5921	−51.5935	0.2		0.0
2802						
	1.212	−72.9639	−72.9650	0.4		−0.1
2801						
	1.400	−7.6447	−7.6436	0.1		0.0
2200					3458.3	
合計	13.350					

入力データ

路線番号　5

水準点名	距離	高低差 I	高低差 II	標尺補正量	緯度	楕円補正量
	km	m	m	mm	度 分	mm
2812					3456.9	
	1.907	136.8684	136.8680	-0.4		0.2
3119						
	1.938	86.3285	86.3281	-0.2		0.2
3118						
	2.050	119.7743	119.7747	-0.6		0.3
3117						
	1.905	18.8921	18.8915	-0.1		0.2
3116						
	1.893	91.2164	91.2159	-0.2		0.2
3115						
	2.150	-128.0331	-128.0331	-0.3		0.2
3114						
	1.923	-102.1298	-102.1292	0.0		0.3
3113						
	2.085	-58.8398	-58.8394	-0.1		0.2
3112						
	2.421	-136.1241	-136.1245	0.1		0.3
3111						
	1.833	-117.5854	-117.5851	-0.1		0.2
2207					3452.7	
合計	20.105					

入力データ

路線番号　6

水準点名	距離	高低差 I	高低差 II	標尺補正量	緯度	楕円補正量
	km	m	m	mm	度 分	mm
1117					3451.8	
	2.380	41.1814	41.1822	0.0		-0.1
2207					3452.7	
合計	2.380					

入力データ

路線番号　　7

水準点名	距離	高低差 I	高低差 II	標尺補正量	緯度	楕円補正量
	km	m	m	mm	度分	mm
2812					3456.9	
	1.709	-5.0797	-5.0791	0.0		0.0
4001						
	1.893	-6.2752	-6.2746	0.0		0.0
4002						
	2.150	-4.6331	-4.6326	0.0		0.0
4003						
	1.509	-10.5861	-10.5855	0.0		0.0
4004						
	1.983	-8.8385	-8.8379	0.0		-0.1
4005						
	2.105	-10.468	-10.4674	0.0		0.0
4006						
	1.932	-12.836	-12.8354	0.0		0.0
2202					3457.3	

合計　　13.281

交点平均計算結果

水準点名	仮定標高	補正量	平均標高	標準偏差
	m	m	m	m
2200	4.1534	0.0003	4.1537	0.001
2202	122.3467	0.0003	122.3470	0.001
2207	91.4361	−0.0004	91.4357	0.001

平均標高計算

路線番号　1

水準点名	距離	高低差	補正量	平均標高
	km	m	m	m
1115				4.3830
	1.083	−0.2296	0.0003	
2200				4.1537
合計	1.083	−0.2296	0.0003	

平均標高計算

路線番号　2

水準点名	距離	高低差	補正量	平均標高
	km	m	m	m
2200				4.1537
	0.631	5.2411	0.0000	
2201				9.3948
	2.531	112.9522	0.0000	
2202				122.3470
合計	3.162	118.1933	0.0000	

平均標高計算

路線番号 3

水準点名	距離	高低差	補正量	平均標高
	km	m	m	m
2202				122.3470
	1.681	27.8468	-0.0001	
2203				150.1937
	3.064	73.0778	-0.0002	
2204				223.2713
	2.271	5.7936	-0.0001	
2205				229.0648
	1.466	-47.3664	-0.0001	
2206				181.6983
	2.770	-90.2624	-0.0002	
2207				91.4357
合計	11.252	-30.9106	-0.0007	

平均標高計算

路線番号　4

水準点名	距離	高低差	補正量	平均標高
	km	m	m	m
2812				181.0624
	1.016	18.0447	−0.0003	
2811				199.1068
	1.232	45.2419	−0.0003	
2810				244.3484
	1.034	61.4380	−0.0003	
2809				305.7861
	0.890	45.0749	−0.0002	
2808				350.8607
	1.336	−38.5996	−0.0004	
2807				312.2608
	1.080	−0.9622	−0.0003	
2806				311.2983
	1.114	−68.2028	−0.0003	
2805				243.0952
	1.034	−48.4843	−0.0003	
2804				194.6106
	1.076	−58.2533	−0.0003	
2803				136.3570
	0.926	−51.5930	−0.0003	
2802				84.7637
	1.212	−72.9650	−0.0003	
2801				11.7984
	1.400	−7.6443	−0.0004	
2200				4.1537
合計	13.350	−176.9050	−0.0037	

平均標高計算

路線番号　5

水準点名	距離	高低差	補正量	平均標高
	km	m	m	m
2812				181.0624
	1.907	136.8680	0.0005	
3119				317.9309
	1.928	86.3283	0.0005	
3118				404.2596
	2.050	119.7742	0.0005	
3117				524.0344
	1.905	18.8919	0.0005	
3116				542.9267
	1.893	91.2162	0.0005	
3115				634.1434
	2.150	-128.0326	0.0005	
3114				506.1113
	1.923	-102.1292	0.0005	
3113				403.9826
	2.085	-58.8393	0.0005	
3112				345.1438
	2.421	-136.1241	0.0006	
3111				209.0203
	1.833	-117.5850	0.0005	
2207				91.4357
合計	20.105	-89.6316	0.0051	

平均標高計算

路線番号　6

水準点名	距離	高低差	補正量	平均標高
	km	m	m	m
1117				50.2545
	2.380	41.1817	-0.0005	
2207				91.4357
合計	2.380	41.1817	-0.0005	

平均標高計算

路線番号　　7

水準点名	距離	高低差	補正量	平均標高
	km	m	m	m
2812				181.0624
	1.709	−5.0794	−0.0001	
4001				175.9829
	1.893	−6.2749	−0.0001	
4002				169.7079
	2.150	−4.6329	−0.0001	
4003				165.0749
	1.509	−10.5858	−0.0001	
4004				154.4890
	1.983	−8.8383	−0.0001	
4005				145.6506
	2.105	−10.4677	−0.0001	
4006				135.1828
	1.932	−12.8357	−0.0001	
2202				122.3470
合計	13.281	−58.7147	−0.0007	

往復差から求めた路線毎の1km当たりの標準偏差

自	1115		至	2200		（路線番号：1）
観測者	○○○○					
期間	****/4/16	～	****/4/16			
器械	○○○○					
標尺	○○○○					

鎖部数	自水準点	至水準点	往復差	距離	UU/S	備考
1	1115	2200	−0.6	1.083	0.332	
計＝	1		−0.6	1.083	0.332	

正の回数	0	正の総和	0.0	
負の回数	1	負の総和	−0.6	
零の回数	0			m＝ 0.29

往復差から求めた路線毎の1km当たりの標準偏差

自	2200		至	2202		（路線番号：2）
観測者	○○○○					
期間	****/4/3	～	****/4/3			
器械	○○○○					
標尺	○○○○					

鎖部数	自水準点	至水準点	往復差	距離	UU/S	備考
1	2200	2201	−0.1	0.631	0.016	
2	2201	2202	−2.0	2.531	1.580	
計＝	2		−2.1	3.162	1.596	

正の回数	0	正の総和	0.0	
負の回数	2	負の総和	−2.1	
零の回数	0			m＝ 0.45

往復差から求めた路線毎の1㎞当たりの標準偏差

自	2202		至	2207		（路線番号：3）
観測者	○○○○					
期間	****/4/3	～	****/4/7			
器械	○○○○					
標尺	○○○○					

鎖部数	自水準点	至水準点	往復差	距離	UU/S	備考
1	2202	2203	0.4	1.681	0.095	
2	2203	2204	1.6	3.064	0.836	
3	2204	2205	0.3	2.271	0.040	
4	2205	2206	1.5	1.466	1.535	
5	2206	3307	0.9	2.770	0.292	
計＝	5		4.7	11.252	2.798	

正の回数	5	正の総和	4.7	
負の回数	0	負の総和	0.0	
零の回数	0			m＝ 0.37

往復差から求めた路線毎の1km当たりの標準偏差

自	2812		至	2200		(路線番号:4)
観測者	○○○○					
期間	****/4/10	～	****/5/15			
器械	△△△△					
標尺	△△△△					

鎖部数	自水準点	至水準点	往復差	距離	UU/S	備考
1	2812	2811	−0.2	1.016	0.039	
2	2811	2810	−1.0	1.232	0.812	
3	2810	2809	0.8	1.034	0.619	
4	2809	2808	−1.1	0.890	1.360	
5	2808	2807	−0.4	1.336	0.120	
6	2807	2806	−0.6	1.080	0.333	
7	2806	2805	1.4	1.114	1.759	
8	2805	2804	1.1	1.034	1.170	
9	2804	2803	0.2	1.076	0.037	
10	2803	2802	1.4	0.926	2.117	
11	2802	2801	1.1	1.212	0.998	
12	2801	2200	−1.1	1.400	0.864	
計＝	12		1.6	13.350	10.228	

正の回数	6	正の総和	6.0
負の回数	6	負の総和	−4.4
零の回数	0		

m＝ 0.46

往復差から求めた路線毎の1km当たりの標準偏差

自	2812		至	2207		(路線番号:5)
観測者	○○○○					
期間	****/4/6	～	****/4/16			
器械	○○○○					
標尺	○○○○					

鎖部数	自水準点	至水準点	往復差	距離	UU/S	備考
1	2812	3119	0.4	1.907	0.084	
2	3119	3118	0.4	1.938	0.083	
3	3118	3117	−0.4	2.050	0.078	
4	3117	3116	0.6	1.905	0.189	
5	3116	3115	0.5	1.893	0.132	
6	3115	3114	0.0	2.150	0.000	
7	3114	3113	−0.6	1.923	0.187	
8	3113	3112	−0.4	2.085	0.077	
9	3112	3111	0.4	2.421	0.066	
10	3111	2207	−0.3	1.833	0.049	
計＝	10		0.6	20.105	0.945	

正の回数	5	正の総和	2.3	
負の回数	4	負の総和	−1.7	
零の回数	1			m＝ 0.15

往復差から求めた路線毎の1km当たりの標準偏差

自	1117		至	2207		（路線番号:6）
観測者	○○○○					
期間	****/5/15	～	****/5/15			
器械	○○○○					
標尺	○○○○					

鎖部数	自水準点	至水準点	往復差	距離	UU/S	備考
1	1117	2207	−0.8	2.380	0.269	
計＝	1		−0.8	2.380	0.269	

正の回数	0	正の総和	0.0
負の回数	1	負の総和	−0.8
零の回数	0		

m＝ 0.26

往復差から求めた路線毎の1km当たりの標準偏差

自	2812		至	2202		(路線番号:7)
観測者	○○○○					
期間	****/5/6	~	****/5/12			
器械	○○○○					
標尺	○○○○					

鎖部数	自水準点	至水準点	往復差	距離	UU/S	備考
1	2812	4001	−0.6	1.709	0.211	
2	4001	4002	−0.6	1.893	0.190	
3	4002	4003	−0.5	2.150	0.116	
4	4003	4004	−0.6	1.509	0.239	
5	4004	4005	−0.6	1.983	0.182	
6	4005	4006	−0.6	2.105	0.171	
7	4006	2202	−0.6	1.932	0.186	
計＝	7		−4.1	13.281	1.295	

正の回数	0	正の総和	0.0
負の回数	7	負の総和	−4.1
零の回数	0		

m＝ 0.22

リ. 観測者毎の1km当たりの標準偏差

観測者毎の1km当たりの標準偏差

自	2812	至	2202
観測者	○○○○		
期間	＊＊＊＊/5/6　～	＊＊＊＊/5/12	
器械	○○○○		
標尺	○○○○		

鎖部数	自水準点	至水準点	往復差	距離	UU/S	備考
1	1115	2200	−0.6	1.083	0.332	
2	2200	2201	−0.1	0.631	0.016	
3	2201	2202	−2.0	2.531	1.580	
4	2202	2203	0.4	1.681	0.095	
5	2203	2204	1.6	3.064	0.836	
6	2204	2205	0.3	2.271	0.040	
7	2205	2206	1.5	1.466	1.535	
8	2206	3307	0.9	2.770	0.292	
9	2812	2811	−0.2	1.016	0.039	
10	2811	2810	−1.0	1.232	0.812	
11	2810	2809	0.8	1.034	0.619	
12	2809	2808	−1.1	0.890	1.360	
13	2808	2807	−0.4	1.336	0.120	
14	2807	2806	−0.6	1.080	0.333	
15	2806	2805	1.4	1.114	1.759	
16	2805	2804	1.1	1.034	1.170	
17	2804	2803	0.2	1.076	0.037	
18	2803	2802	1.4	0.926	2.117	
19	2802	2801	1.1	1.212	0.998	
20	2801	2200	−1.1	1.400	0.864	
21	2812	3119	0.4	1.907	0.084	
22	3119	3118	0.4	1.938	0.083	
23	3118	3117	−0.4	2.050	0.078	
24	3117	3116	0.6	1.905	0.189	
25	3116	3115	0.5	1.893	0.132	
26	3115	3114	0.0	2.150	0.000	
27	3114	3113	−0.6	1.923	0.187	
28	3113	3112	−0.4	2.085	0.077	
29	3112	3111	0.4	2.421	0.066	
30	3111	2207	−0.3	1.833	0.049	
31	1117	2207	−0.8	2.380	0.269	
32	2812	4001	−0.6	1.709	0.211	
33	4001	4002	−0.6	1.893	0.190	
34	4002	4003	−0.5	2.150	0.116	
35	4003	4004	−0.6	1.509	0.239	
36	4004	4005	−0.6	1.983	0.182	
37	4005	4006	−0.6	2.105	0.171	
38	4006	2202	−0.6	1.932	0.186	
計＝ 38			−0.7	64.613	17.463	

正の回数	16	正の総和	13.0	
負の回数	21	負の総和	13.7	
零の回数	1			m＝ 0.34

ヌ. 全線の1km当たりの標準偏差

全線の1km当たりの標準偏差

各線の両端点		距離 km	UU/S	鎖部数	往復差の正、負、零の回数		
					＋	−	0
1115	2200	1.083	0.332	1	0	1	0
2200	2202	3.162	1.596	2	0	2	0
2202	2207	11.252	2.798	5	5	0	0
2812	2200	13.350	10.228	12	6	6	0
2812	2207	20.105	0.945	10	5	4	1
1117	2207	2.380	0.269	1	0	1	0
2812	2202	13.281	1.295	7	0	7	0
計		64.613	17.463	38	16	21	1

標準偏差＝　0.34

（5）成　果　表

令和○○年度

○級水準測量

○○地区

観測成果表

平均成果表

計画機関　○○○○

作業機関　○○○○株式会社

水準測量成果表の作成要領

①　観測成果表

イ．観測成果表表紙の次に作業目的を記入した水準路線図を添付する。

ロ．路線番号順（番号の小さい順）に(Ⅰ)の方向から記入する。

ハ．記入順序は、路線の観測、取付観測及び検測等の順に2行の空欄をおいて記入する。

ニ．観測月日は、往復観測の最終日（再測を行った場合は、その最終日）を記入する。

ホ．地盤沈下調査を目的とする場合は、往観測及び復観測それぞれの観測月日の中数を記入する。

ヘ．地盤沈下による変動補正数は、往復観測値の中数に補正する。

ト．測点数は往復の合計点数を記入する。

チ．標尺補正及び正規正標高補正（楕円補正）を必要としない場合は、該当欄は空欄とする。

②　平均成果表

イ．平均成果表の様式は計画機関の指示による。

ロ．地盤沈下調査水準測量成果表（変動補正計算簿）は、変動補正をした高低差及び新旧の平均標高を記入する。

イ. 水準路線図

コピーを添付する

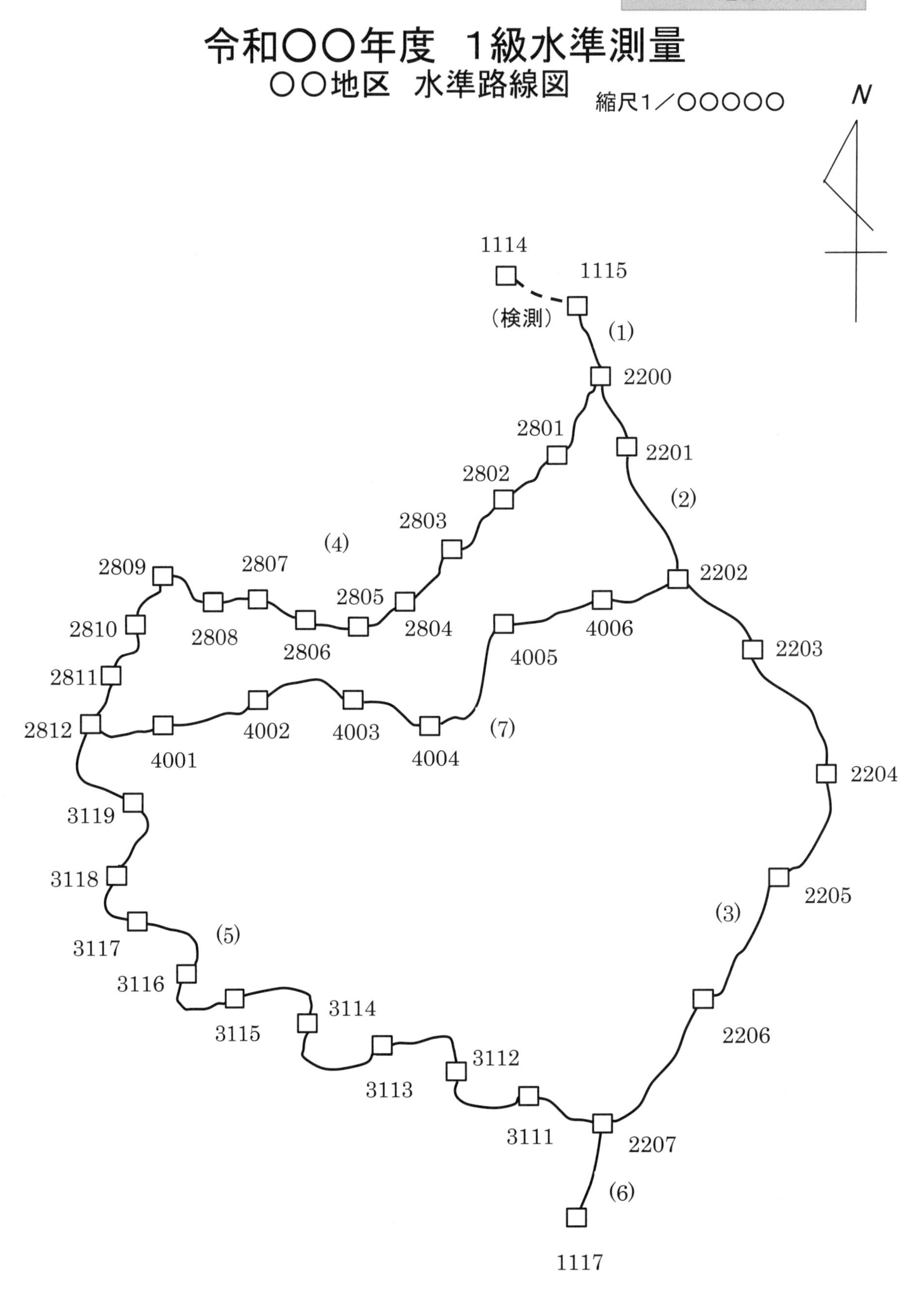

作業目的:1級水準測量(地盤沈下調査)

ロ. 水準測量観測成果表及び平均成果表（正規正標高補正（楕円補正）の例）

1級水準測量観測成果表

自　○○○○○　　至　○○○○○　　観測路線番号　(1)(2)(3)

観測者	1/5万図名	所在地			標尺番号	観測月日	水準点番号	距離	測点数	水準差		標尺補正数	（楕円補正数）	観測の標高 観測高低差	補正数	結果	備考
		県	郡市	町村						一回	二回						
							(1)								（平均計算簿より）		
○	○○	○○	○○	○○		R**	1115					13℃		4.3830		4.3830	測地成果2011
○					測器	4/16	2200	1.083	36	−0.2299	+0.2293	0	0	−0.2296			
○					○○○○									4.1534		4.1537	
○					№○○○○		小計＝	1.083	36								
					標尺		累計＝										
					○○○○												
					№○○○○												
					№○○○○		(2)										
					改正数		2200					12℃		4.1534		4.1537	路線(1)より
					20℃	4/3	2201	0.631	28	+5.2410	−5.2411	0	0	+5.2411			
					＋0.8μm/m							13℃		9.3945		9.3948	
					膨張係数	4/3	2202	2.531	164	+112.9516	−112.9536	−5	+1	+112.9522			
					0.69×10^{-6}									122.3467		122.3470	
							小計＝	3.162	192								
							累計＝										
							(3)										
							2202					13℃		122.3467		122.3470	路線(2)より
						4/3	2203	1.681	96	+27.8469	−27.8465	−1	+2	+27.8468			
												21℃		150.1935		150.1937	
						4/4	2204	3.064	148	+73.0782	−73.0766	+1	+3	+73.0778			
												18℃		223.2713		223.2713	
						4/5	2205	2.271	100	+5.7935	−5.7932	0	+2	+5.7936			
												19℃		229.0649		229.0648	
						4/6	2206	1.466	80	−47.3657	+47.3672	0	+1	−47.3664			
												15℃		181.6985		181.6983	
						4/7	2207	2.770	156	−90.2624	+90.2633	−2	+3	−90.2624			
														91.4361		91.4357	
							小計＝	11.252	580								
							累計＝										

2級水準測量の観測成果表作成において、標尺補正数の計算は、水準点間の高低差が70m以上の場合に行うものとし、標尺補正数は気温20℃における標尺改正数を用いる。

「平成23年(2011年)東北地方太平洋沖地震」に伴い、日本水準原点の数値が改正されている。改正後の原点数値に基づく水準成果表は、備考欄に「測地成果2011」と表記する。なお、この表記は、前述の地震による測量成果の改正対象外の地域(北海道及び西日本)も含めて、日本全国に共通する。

「この測量成果は、国土地理院長の承認を得て同院所管の測量標及び測量成果を使用して得たものである（承認番号）令○○　○公　第○○号」

1級水準測量観測成果表

自　○○○○○　至　○○○○○　　観測路線番号　(4)

観測者	1/5万図名	所在地 県	所在地 郡市	所在地 町村	標尺番号	観測月日	水準点番号	距離	測点数	水準差 一回	水準差 二回	標尺補正数	(楕円補正数)	観測の標高 観測高低差	補正数	結果	備考
○○○○	○○	○○	○○	○○	測器 ○○○○ №.○○○○ 標尺 ○○○○ №.○○○○ №.○○○○ 改正数 20°C ＋4.7μm/m 膨張係数 0.72×10^{-6}	R**	(4) 2812					19°C		181.0624		(平均計算簿より) 181.0624	測地成果2011
						4/10		1.016	48	+18.0445	−18.0447	+1	0	+18.0447			
							2811					16°C		199.1071		199.1068	
						4/10		1.232	64	+45.2414	−45.2424	+1	−1	+45.2419			
							2810					15°C		244.3490		244.3484	
						4/11		1.034	84	+61.4383	−61.4375	+1	0	+61.4380			
							2809					17°C		305.7870		305.7861	
						4/11		0.890	64	+45.0742	−45.0753	+1	0	+45.0749			
							2808					16°C		350.8619		350.8607	
						4/12		1.336	80	−38.5996	+38.5992	+1	−1	−38.5996			
							2807					16°C		312.2623		312.2608	
						4/12		1.080	64	−0.9625	+0.9619	0	0	−0.9622			
							2806					19°C		311.3001		311.2983	
						4/13		1.114	84	−68.2018	+68.2032	+3	0	−68.2028			
							2805					20°C		243.0973		243.0952	
						4/13		1.034	60	−48.4834	+48.4845	+2	−1	−48.4843			
							2804					19°C		194.6130		194.6106	
						4/14		1.076	72	−58.2530	+58.2532	+2	0	−58.2533			
							2803					19°C		136.3597		136.3570	
						4/14		0.926	64	−51.5921	+51.5935	+2	0	−51.5930			
							2802					21°C		84.7667		84.7637	
						4/15		1.212	88	−72.9639	+72.9650	+4	−1	−72.9650			
							2801					23°C		11.8017		11.7984	
						5/15		1.400	60	−7.6447	+7.6436	+1	0	−7.6443			
							2200							4.1574		4.1537	
							小計＝	13.350	832								
							累計＝										

「この測量成果は、国土地理院長の承認を得て同院所管の測量標及び測量成果を使用して得たものである(承認番号)令○○　○公　第○○号」

1級水準測量観測成果表

自　○○○○○　至　○○○○○　観測路線番号　(5)(6)

観測者	1/5万図名	所在地			標尺番号	観測月日	水準点番号	距離	測点数	水準差		標尺補正数	(楕円補正数)	観測の標高 観測高低差	補正数	結果	備考
		県	郡市	町村						一回	二回						
							(5)									(平均計算簿より)	
○○○○	○○	○○	○○	○○	測器 ○○○○ №.○○○○ 標尺 ○○○○ №.○○○○ №.○○○○ 改正数 20℃ +0.8μm/m 膨張係数 0.69×10^{-6}	R**	2812					15℃		181.0624		181.0624	測地成果2011
						4/6		1.907	160	+136.8684	−136.8680	−4	+2	+136.8680			
							3119					15℃		317.9304		317.9309	
						4/7		1.938	132	+86.3285	−86.3281	−2	+2	+86.3283			
							3118					12℃		404.2587		404.2596	
						4/8		2.050	144	+119.7743	−119.7747	−6	+3	+119.7742			
							3117					14℃		524.0329		524.0344	
						4/9		1.905	84	+18.8921	−18.8915	−1	+2	+18.8919			
							3116					15℃		542.9248		542.9267	
						4/10		1.893	140	+91.2164	−91.2159	−2	+2	+91.2162			
							3115					15℃		634.1410		634.1434	
						4/11		2.150	156	−128.0331	+128.0331	−3	+2	−128.0326			
							3114					19℃		506.1084		506.1113	
						4/12		1.923	144	−102.1298	+102.1292	0	+3	−102.1292			
							3113					16℃		403.9792		403.9826	
						4/13		2.085	120	−58.8398	+58.8394	−1	+2	−58.8393			
							3112					20℃		345.1399		345.1438	
						4/14		2.421	188	−136.1241	+136.1245	+1	+3	−136.1241			
							3111					18℃		209.0158		209.0203	
						4/16		1.833	172	−117.5854	+117.5851	−1	+2	−117.5850			
							2207							91.4308		91.4357	
							小計＝	20.105	1440								
							累計＝										
							(6)										
						R**	1117					20℃		50.2545		50.2545	測地成果2011
						5/15		2.380	124	+41.1814	−41.1822	0	−1	+41.1817			
							2207							91.4362		91.4357	
							小計＝	2.380	124								
							累計＝										

「この測量成果は、国土地理院長の承認を得て同院所管の測量標及び測量成果を使用して得たものである(承認番号)令○○　○公　第○○号」

1級水準測量観測成果表

自　○○○○○　　至　○○○○○　　　　観測路線番号　(7)

観測者	1/5万図名	所在地			標尺番号	観測月日	水準点番号	距離	測点数	水準差		標尺補正数	(楕円補正数)	観測の標高 観測高低差	補正数	結果	備考
		県	郡市	町村						一回	二回						
							(7)									(平均計算簿より)	
○○○○	○○	○○	○○	○○		R**	2812					15°C		181.0624		181.0624	測地成果2011
					測器 ○○○○ №.○○○○	5/6	4001	1.709	142	−5.0797	+5.0791	0	0	−5.0794			
												15°C		175.9830		175.9829	
					標尺 ○○○○	5/7	4002	1.893	128	−6.2752	+6.2746	0	0	−6.2749			
												12°C		169.7081		169.7079	
					№.○○○○ №.○○○○	5/8	4003	2.150	150	−4.6331	+4.6326	0	0	−4.6329			
												14°C		165.0752		165.0749	
					改正数 20°C	5/9	4004	1.509	64	−10.5861	+10.5855	0	0	−10.5858			
												15°C		154.4894		154.4890	
					＋0.8μm/m	5/10	4005	1.983	146	−8.8385	+8.8379	0	−1	−8.8383			
												15°C		145.6511		145.6506	
					膨張係数 0.69×10^{-6}	5/11	4006	2.105	152	−10.4680	+10.4674	0	0	−10.4677			
												19°C		135.1834		135.1828	
						5/12	2202	1.932	144	−12.8360	+12.8354	0	0	−12.8357			
														122.3477		122.3470	
							小計＝ 累計＝	13.281	926								
																	検測
						R**	1115					12°C					−8.6405
						4/1	1114	1.057	44	−8.6409	+8.6414	0		−8.6412			R**年4月観測値

「この測量成果は、国土地理院長の承認を得て同院所管の測量標及び測量成果を使用して得たものである(承認番号)令○○　○公　第○○号」

ハ. 水準測量観測成果表及び平均成果表（正標高補正の例）

1級水準測量観測成果表

自　○○○○○　　至　○○○○○　　観測路線番号　（1）

観測者	1/5万図名	所在地			標尺番号	観測月日	水準点番号	距離	測点数	水準差		標尺補正数	正標高補正数	観測の標高 観測高低差	補正数	結果	緯度 経度	備考
		県	郡市	町村						一回	二回							
							(1)							既知点の標高は正標高を入力				
○	○○	○○	○○	○○		R**	812-1					27℃ ✓		23.4205 ✓		23.4205 ✓	345655.0000 ✓	測地成果2011
○					測器	6/27	817-1	0.767 ✓	36 ✓	−0.9674 ✓	+0.9669 ✓	0 ✓	1 ✓	−0.9671 ✓			1382215.0000 ✓	
○					○○○○							27℃ ✓		22.4534 ✓		22.4534 ✓	345740.0000 ✓	
○					№○○○○		815-1	1.817 ✓	36 ✓	−9.6086 ✓	+9.6084 ✓	+1 ✓	−1	✓−9.6087 ✓			1382142.0000 ✓	
					標尺									12.8447 ✓		12.8447 ✓	345650.0000 ✓	
					○○○○		小計＝	2.584 ✓	72 ✓								1382247.0000 ✓	
					№○○○○		累計＝											
					№○○○○													
					改正数													
					20℃													
					＋0.8 μm/m ✓													
					膨張係数													
					0.69×10^{-6} ✓													

「この測量成果は、国土地理院長の助言をうけて得たものである（助言番号）令○○　○公　第○○号」✓

二．水準測量観測成果表及び平均成果表（閉合差補正の例）

3級水準測量観測成果表

自　○○○○○　　至　○○○○○　　観測路線番号　(1)

観測者	1/5万図名	所在地			標尺番号	観測月日	水準点番号	距離	測点数	水準差		標尺補正数	(楕円補正数)	観測の標高 観測高低差	補正数	結果	備考
		県	郡市	町村						一回	二回						
○○○○	○○	○○	○○	○○	測器 ○○○○ No.○○○○ 標尺 ○○○○ No.○○○○ No.○○○○	R**	(1) 5501							10.625		10.625	2級水準点成果表より
						10/6		0.457	20	+0.490	−0.491			+0.491			
							131							11.116	+3	11.119	
						10/6		0.487	24	−1.708	+1.708			−1.708			
							132							9.408	+5	9.413	
						10/6		0.472	52	−0.633	+0.633			−0.633			
							133							8.775	+8	8.783	
						10/7		0.886	76	−0.586	+0.585			−0.586			
							134							8.189	+13	8.202	
						10/7		0.397	40	−0.839	+0.837			−0.838			
							135							7.351	+15	7.366	
						10/8		0.206	8	−0.468	+0.467			−0.468			
							136							6.883	+17	6.900	
						10/8		0.409	40	+2.836	−2.835			+2.836			
							5502							9.719	+19	9.738	2級水準点成果表より
							小計＝ 累計＝	3.314	260								

・閉合差の補正は、距離の逆数を重量として各区間に配布する。
・この例は、水準点5501～5502の閉合差は－19mmのため、＋19mmを距離の逆数を重量として配布している。

「この測量成果は、国土地理院長の助言をうけて得たものである（助言番号）令○○　○公　第○○号」

ホ. 水準測量平均成果表(結果のみの記入例)

1級水準測量平均成果表

測地成果2011

調製　〇〇〇〇年〇〇月〇〇日

地区	水準点番号	距離	結果	備考
		km	m	
〇〇地区	1115		4.3830	
		1.083		
	2200		4.1537	
		0.631		
	2201		9.3948	
		2.531		
	2202		122.3470	
		1.681		
	2203		150.1937	
		3.064		
	2204		223.2713	
		2.271		
	2205		229.0648	
		1.466		
	2206		181.6983	
		2.770		
	2207		91.4357	
		2.380		
	1117		50.2545	

「平成23年(2011年)東北地方太平洋沖地震」に伴い、日本水準原点の数値が改正されている。改正後の原点数値に基づく水準成果表は、備考欄に「測地成果2011」と表記する。なお、この表記は、前述の地震による測量成果の改正対象外の地域(北海道及び西日本)も含めて、日本全国に共通する。

「この測量成果は、国土地理院長の承認を得て同院所管の測量標及び測量成果を使用して得たものである(承認番号)令〇〇　〇公　第〇〇号」

平均成果表の様式については、計画機関の指示による。

へ. 地盤沈下調査水準測量成果表（変動補正計算簿）

地盤沈下調査水準測量成果表（水準点の変動量計算）

観測の基準日 ○○**年1月1日

地区	路線番号 水準点番号	距離 km	（○○**年度） 新年度成果 m	（○○**年度） 旧年度成果 m	変動量（新－旧） mm	備考
○○地区	(7) 1005	1.1 ✓	5.1245 ✓	5.1245 ✓	0	✓
	1135	0.9 ✓	5.1525 ✓	5.1543 ✓	−1.8	✓
	(8) 1086	1.4 ✓	4.2731 ✓	4.2743 ✓	−1.2	✓
	1004	1.0 ✓	2.2134 ✓	2.2129 ✓	0.5	✓
	1020	0.7 ✓	1.1806 ✓	1.1805 ✓	0.1	✓
	1021	0.8 ✓	1.2511 ✓	1.2529 ✓	−1.8	✓
	(9) 1014	1.2 ✓	26.9156 ✓	26.9158 ✓	−0.2	✓
	1018	0.9 ✓	1.7602 ✓	1.7581 ✓	2.1	✓
	(10) 1001	0.2 ✓	11.6412 ✓	11.6409 ✓	0.3	✓
	1002	0.5 ✓	11.6055 ✓			R**新設：
	1003	0.8 ✓	11.5206 ✓	11.5153 ✓	5.3	✓
	(11) 1022	1.1 ✓	26.2606 ✓	26.2621 ✓	−1.5	✓
	1023	1.2 ✓	32.7319 ✓	32.7349 ✓	−3	✓
	1024	1.0 ✓	29.6424 ✓	29.6458 ✓	−3.4	✓
	1025	1.0 ✓	27.0991 ✓	27.1004 ✓	−1.3	✓
	(12) 1051	1.3 ✓	3.3761 ✓	3.3753 ✓	0.8	✓
	1052	1.0 ✓	4.3772 ✓	4.2693 ✓		R**再設：
	1053		3.6079 ✓	3.6031 ✓	4.8	✓

距離はkm単位で記入

Ⅰ、Ⅱはm単位で記入

変動量はmm単位で記入

ト．成果数値データファイル

1．成果数値データファイルには、新点のデータのみを記入し、既知点のデータは記入しない。
2．記述内容には、基準点のみ適用と水準点のみ適用があることに注意して記入する。
3．作業規程の準則の様式と測量成果電子納品要領（平成30年3月国土交通省）の付属資料3 成果表数値フォーマットとは異なっており、どちらの様式を使用するかは計画機関の指示による。

【１級水準測量成果数値データ出力例】

Z00,SEIKA,3,02.00, ✓
Z01,令和○○年度○○地区１級水準測量, ✓
Z03,測地成果2011, ✓
S00, ✓
S01,00000002200,,,,-113855.9,54735.5,8,4.1537,21, ✓
S01,00000002201,,,,-114225.2,54813.9,8,9.3948,21, ✓
S01,00000002202,,,,-115730.2,55634.7,8,122.3470,21, ✓
S01,00000002203,,,,-117019.6,56429.2,8,150.1937,21, ✓
S01,00000002204,,,,-119357.2,57128.9,8,223.2713,21, ✓
S01,00000002205,,,,-120869.9,56681.4,8,229.0648,21, ✓
S01,00000002206,,,,-122225.9,56664.4,8,181.6983,21, ✓
S01,00000002207,,,,-124207.4,55127.7,8,91.4357,21, ✓
S01,00000002801,,,,-114908.3,53955.4,8,11.7984,21, ✓

点番号は11桁の整数。

（以下途中省略）

S99, ✓

チ．水準点座標一覧

水準点座標一覧

世界測地系（測地成果2011）

水準点番号	X座標	Y座標
1115	−112996.6 ✓	54147.0 ✓
1117	−126029.8 ✓	54402.1 ✓
2200	−113855.9 ✓	54735.5 ✓
2201	−114225.2 ✓	54813.9 ✓
2202	−115730.2 ✓	55634.7 ✓
2203	−117019.6 ✓	56429.2 ✓
2204	−119357.2 ✓	57128.9 ✓
2205	−120869.9 ✓	56681.4 ✓
2206	−122225.9 ✓	56664.4 ✓
2207	−124207.4 ✓	55127.7 ✓
2801	−114908.3 ✓	53955.4 ✓
2802	−115528.7 ✓	53248.8 ✓
2803	−115252.0 ✓	53145.7 ✓
2804	−115841.3 ✓	52489.5 ✓
2805	−116303.2 ✓	52542.9 ✓
2806	−116430.7 ✓	51807.8 ✓
2807	−116126.1 ✓	51171.8 ✓
2808	−116068.1 ✓	50511.8 ✓
2809	−115668.4 ✓	50357.4 ✓
2810	−115980.7 ✓	49598.0 ✓
2811	−116478.6 ✓	48687.3 ✓
2812	−116606.2 ✓	47876.0 ✓
3111	−122665.5 ✓	55321.5 ✓
3112	−121718.5 ✓	53944.9 ✓
3113	−121326.9 ✓	52394.0 ✓
3114	−121027.8 ✓	50793.1 ✓
3115	−121313.0 ✓	49347.7 ✓
3116	−120546.1 ✓	48708.9 ✓
3117	−120276.2 ✓	47286.1 ✓
3118	−118612.3 ✓	47277.5 ✓
3119	−117563.1 ✓	47551.2 ✓
4001	−116504.5 ✓	49600.8 ✓
4002	−116437.9 ✓	50513.9 ✓
4003	−116646.1 ✓	51859.8 ✓
4004	−116766.6 ✓	52342.5 ✓
4005	−116391.4 ✓	53279.2 ✓
4006	−116138.6 ✓	54343.3 ✓

座標系：8系　　　　○○**年5月20日調製

・観測方法は、ネットワーク型RTK法の単点観測法による。
・座標値は0.1mまで記入する。
・座標値の点検は、観測手簿や計算簿等により行う。
・簿冊の整理については、基準点測量の記載要領を参照する。

単点観測法の観測及び許容範囲
- ・使用衛星数　：5衛星以上
- ・観測回数　：FIX解を得てから10エポック以上を2セット
- ・データ取得間隔　：1秒
- ・許容範囲　：ΔN及びΔEのセット間較差100mm（平面直角座標での比較も可）

（6）点 の 記

令和〇〇年度

〇級水準測量

〇〇地区

点　の　記

計画機関　〇〇〇〇
作業機関　〇〇〇〇株式会社

1 級水準点の記

標識番号	○○○○	1/20万図名	○ ○ ○ ✓
		1/2.5万図名	○ ○ ○ ✓
所在地	○○県○○市○○町○○番地先 ✓		
		地目	公衆用道路 ✓
所有者	○○市		
	管理：○○部○○課 ✓		
標識の種類	金属標	埋設法	地上　（保護石 4 個）✓
選点	令和○○年○○月○○日	選点者	○○ ○○ ✓
設置	令和○○年○○月○○日	設置者	○○ ○○ ✓
観測	令和○○年○○月○○日	観測者	○○ ○○ ✓
旧埋設	—		
周辺の目標	県道○号線 △△橋		
その他			
隣接点との距離	（××××）　1.9 Km ✓　（○○○○）　2.0 Km ✓　（△△△△）		
備考	令和○○年○○月○○日　新設 ✓ 新設は設置年月日を記入する。		

要図

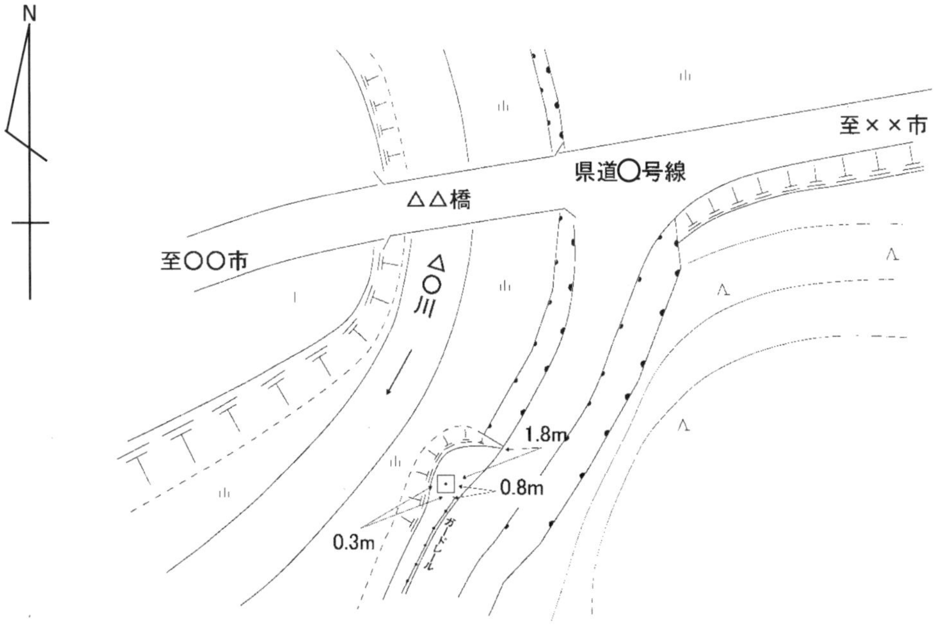

N
至××市
県道○号線
△△橋
至○○市
○○川
1.8m
0.8m
0.3m
ガードレール

（計画機関名：○○県△△市）

計画機関の指示があった場合は記載する。

（7）精度管理簿

令和○○年度

○級水準測量

○○地区

精度管理簿

計画機関　○○○○
作業機関　○○○○株式会社

水準測量精度管理表の作成要領

内　　容	記　　入　　説　　明
環番号 距離 閉合差 許容範囲 観測者 距離	環番号又は路線番号を記入 環又は路線の距離を記入 環又は路線の閉合差を記入 環又は路線の許容範囲を記入 観測者名及び経験年数を記入 全線、観測者毎の観測距離を記入
鎖部数 観測者毎の標準偏差 正の回数 負の回数 零の回数 正の総和 負の総和 特記事項	全線、観測者毎の鎖部数を記入 往復差から求めた観測者毎の1Km当りの標準偏差を計算簿より記入 全線、観測者毎の往復差の正の回数を記入 全線、観測者毎の往復差の負の回数を記入 全線、観測者毎の往復差の零の回数を記入 全線、観測者毎の正の往復差の総和を記入 全線、観測者毎の負の往復差の総和を記入 計画機関からの指示、協議等を記入
往復差から求めた全線の1Km当たりの標準偏差 単位重量当たりの観測の標準偏差	計算簿より記入 水準網平均計算による単位重量当たりの観測の標準偏差を計算簿より記入
主要機器名称及び番号 永久標識種別等 観測路線図 再測率 点検測量	レベル、標尺等の名称、番号を記入 種別、数量、埋設方法を記入 水準路線図（略図）を記入 観測総点数に対する再測総点数の百分率を記入 （往復の較差が許容範囲を超えたために行った再測量は、採用及び不採用にかかわらず再測とする。なお、標尺台移動、誤記、誤読など観測精度に影響を及ぼさない理由の再測については、再測率の計算に含めない） 点検測量の結果を記入

イ. 水準測量精度管理表

水準測量精度管理表

作業名	令和○○年○○業務	地区名	○○地区	計画機関名	○○○○	作業機関名	○○○○株式会社	点検者	○○ ○○
目的	○○○○	期間	○○～○○	作業量	○級水準測量 ○○Km	主任技術者	○○ ○○		

主任技術者及び点検者の押印は省略

環番号	距離	閉合差	許容範囲	観測者	距離	鎖部数	観測者毎標準偏差	正の回数	負の回数	零の回数	正の総和	負の総和	摘要	特記事項
	km	mm	mm		km		mm							
環(Ⅰ)	29.8	+3.2	10.9	○○○	64.613	38	0.34	16	21	1	13.0	13.7		
環(Ⅱ)	44.6	+7.6	13.3	○年○月										
(1)+(4)	14.4	−4.4	56.9											
(5)+(6)	22.5	−7.8	71.1											
			往復差から求めた全線の1km当たりの標準偏差		0.34mm				単位重量当たりの観測の標準偏差		0.79mm			

主要機器名称及び番号			
測器	○○○	No.○○	
	○○○	No.○○	
標尺	○○○	No.○○	No.○○
	○○○	No.○○	No.○○
水準電卓	○○○	No.○○	
	○○○	No.○○	

永久標識種別等

種別	数量	埋設法
金属標	34	地下

観測路線図

別紙による
本記載要領では掲載省略)

再測率 0.3% (12/4130)

点検測量

区間	距離	点検値	採用値	較差
	km	m	m	mm
2200～2201	0.638	+5.2413	+5.2411	+0.2

ロ. 点検計算結果

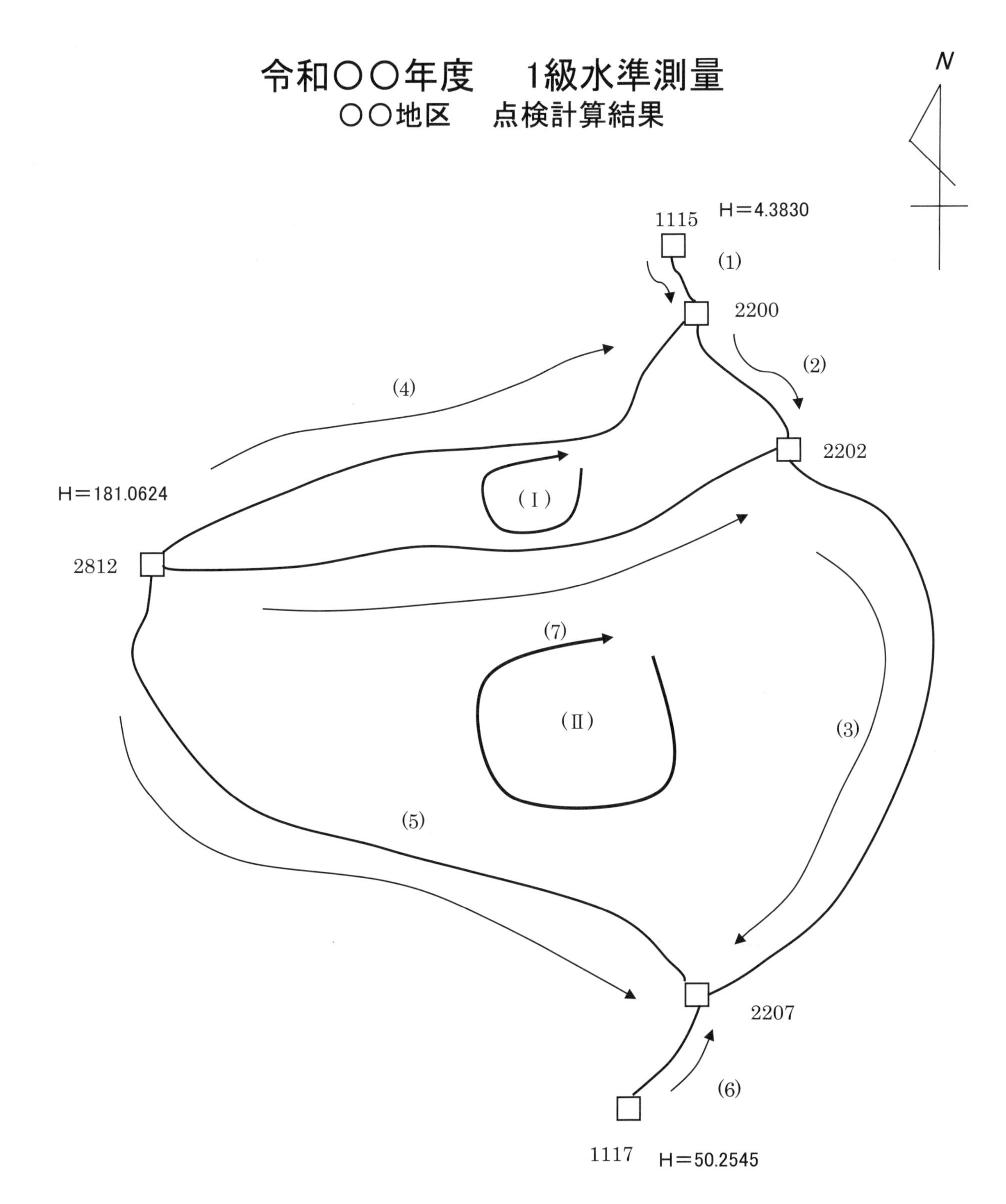

路線番号	距離(km)	閉合差(mm)	許容範囲(mm)
環(Ⅰ)	29.8	＋3.2	10.9
環(Ⅱ)	44.6	＋7.6	13.3
(1)+(4)	14.4	−4.4	56.9
(5)+(6)	22.5	−7.8	71.1

ハ. 品質評価表

品質評価表は、製品仕様書に基づき作成する。

品質評価表　総括表

1級水準測量の例

製　品　名	○○市公共水準点データ		
ライセンス	○○市	作成時期	令和○○年○月○日
作　成　者	○○市○○部○○課	座　標　系	平面直角座標系　○系
領域又は地名	○○市全域	検査実施者	□□測量株式会社　○○○○

番号	データ品質適用範囲	品質要求					品質評価結果（合否）
		完全性	論理一貫性	位置正確度	時間正確度	主題正確度	
1	公共水準点データ	0	0	往復観測：較差2.5mm√S以内、検測：較差2.5mm√S以内 点検計算：環閉合差2mm√S以内、既知点から既知点までの閉合差15mm√S以内 平均計算：標準偏差2mm以内	－	0	合格

品質評価は、測量成果について、製品仕様書のデータ品質の項目に規定する品質を満足するか評価するものである。

詳細については、国土地理院ホームページを参照すること。
http://psgsv2.gsi.go.jp/koukyou/public/seihinsiyou/seihinsiyou_index.html

品質評価表　個別表

データ品質適用範囲		公共基準点データ		
品質要素		品質要求	品質評価方法	品質評価結果
完全性	過剰	0	(全数検査)公共水準点データ数と観測した公共水準点数を比較し、過剰又は重複取得のデータ数を求める。	0
	漏れ	0	(全数検査)公共水準点データ数と観測した公共水準点数を比較し、取得漏れのデータ数を求める。	0
論理一貫性	書式一貫性	0	(全数検査)公共水準点データのうち、規定されたデータ型に適合しない箇所を数える。	0
	概念一貫性	0	(全数検査)公共水準点データのうち、規定されたデータ型に適合しない箇所を数える。	0
	定義域一貫性	0	(全数検査)公共水準点データのうち、規定された定義域に適合しない箇所を数える。	0
	位相一貫性	—	—	—
位置正確度	絶対正確度(外部正確度)	—	—	—
	相対正確度(内部正確度)	①往復観測:較差2.5mm√S以内 ②検測:較差2.5mm√S以内 ③点検計算:環閉合差2mm√S以内、既知点から既知点までの閉合差15mm√S以内 ④平均計算:標準偏差2mm以内	(全数検査)作業規程に基づいて点検計算を実施し、結果が許容範囲内か検査する。 ①～④の品質評価を全て行う。	①較差2.0mm ②較差--mm ③環閉合差 7.6mm ④既知点間閉合差 7.8mm ⑤平均計算結果0.79mm
	ｸﾞﾘｯﾄﾞﾃﾞｰﾀ位置正確度	—	—	—
時間正確度	時間測定正確度	—	—	—
	時間一貫性	—	—	
	時間妥当性	—	—	—
主題正確度	分類の正しさ	—	—	—
	非定量的属性の正しさ	0	(全数検査)公共水準点データのうち、規定どおりに属性データが入力されていない箇所を数える。	0
	定量的属性の正確度	—	—	—

エラー数を記入

最も大きい較差等を記入

（８）メタデータ

令和○○年度

○級水準測量

○○地区

メタデータ

計画機関　○○○○

作業機関　○○○○株式会社

・ メタデータは、製品仕様書に基づき作成する。
・ このメタデータは、国土地理院提供のメタデータエディタにより作成し、記載要領用に,編集したものである。

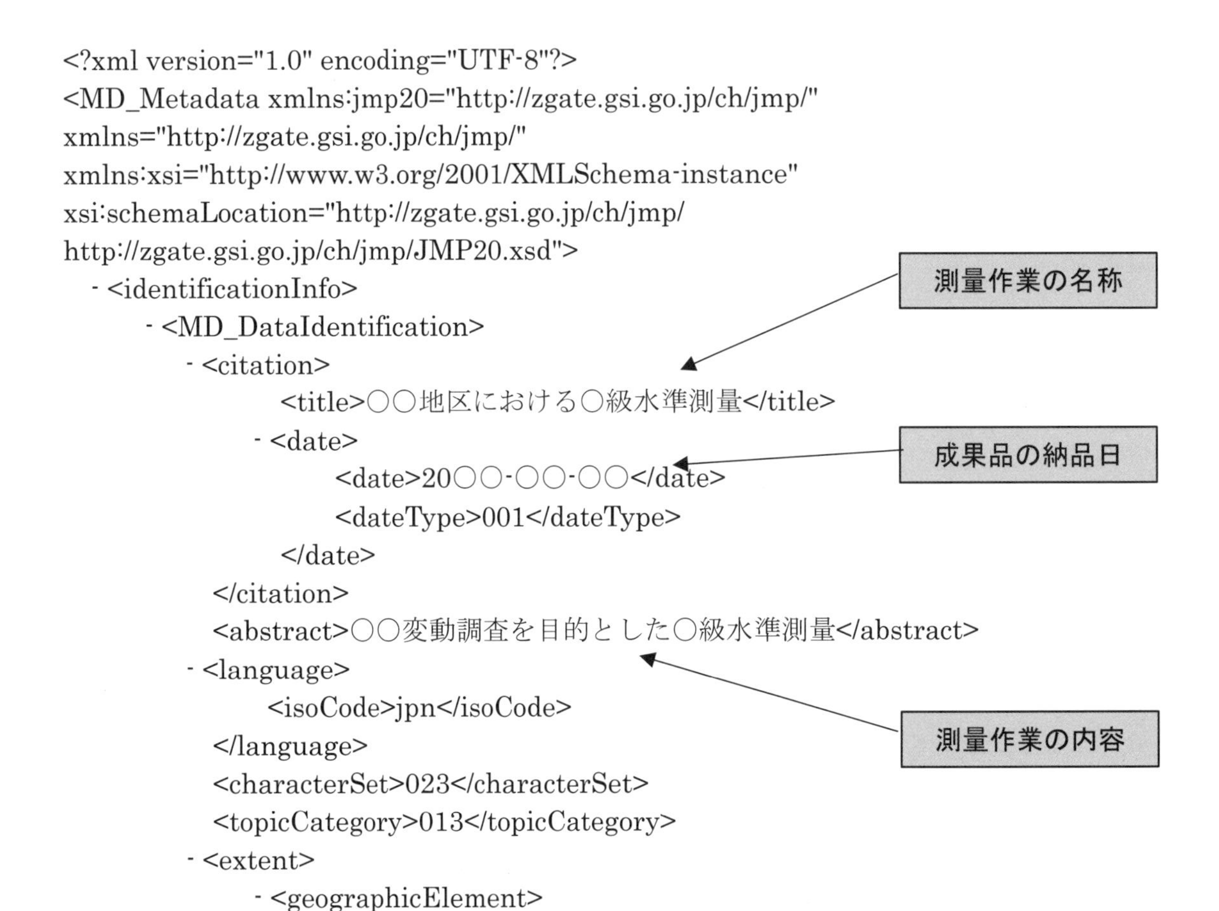


```
<?xml version="1.0" encoding="UTF-8"?>
<MD_Metadata xmlns:jmp20="http://zgate.gsi.go.jp/ch/jmp/"
xmlns="http://zgate.gsi.go.jp/ch/jmp/"
xmlns:xsi="http://www.w3.org/2001/XMLSchema-instance"
xsi:schemaLocation="http://zgate.gsi.go.jp/ch/jmp/
http://zgate.gsi.go.jp/ch/jmp/JMP20.xsd">
  - <identificationInfo>
      - <MD_DataIdentification>
          - <citation>
                <title>○○地区における○級水準測量</title>
              - <date>
                    <date>20○○-○○-○○</date>
                    <dateType>001</dateType>
                </date>
            </citation>
            <abstract>○○変動調査を目的とした○級水準測量</abstract>
          - <language>
                <isoCode>jpn</isoCode>
            </language>
            <characterSet>023</characterSet>
            <topicCategory>013</topicCategory>
          - <extent>
              - <geographicElement>
                  - <EX_GeographicBoundingBox>
                      - <extentReferenceSystem>
                            <code>JGD2011 / (B,L)</code>
                        </extentReferenceSystem>
                        <westBoundLongitude>137.0000</westBoundLongitude>
                        <eastBoundLongitude>137.1000</eastBoundLongitude>
                        <southBoundLatitude>35.0000</southBoundLatitude>
                        <northBoundLatitude>35.1000</northBoundLatitude>
                    </EX_GeographicBoundingBox>
                  - <EX_CoordinateBoundingBox>
                      - <extentReferenceSystem>
                            <code>JGD2011 / 9(X,Y)</code>
                        </extentReferenceSystem>
                        <westBoundCoordinate>52000</westBoundCoordinate>
                        <eastBoundCoordinate>53000</eastBoundCoordinate>
                        <southBoundCoordinate>45000</southBoundCoordinate>
                        <northBoundCoordinate>46000</northBoundCoordinate>
                    </EX_CoordinateBoundingBox>
```

地理情報ボックスは、測量作業の範囲について経緯度(度単位)、平面直角座標、市町村名の内ひとつを入力する(複数入力可)。

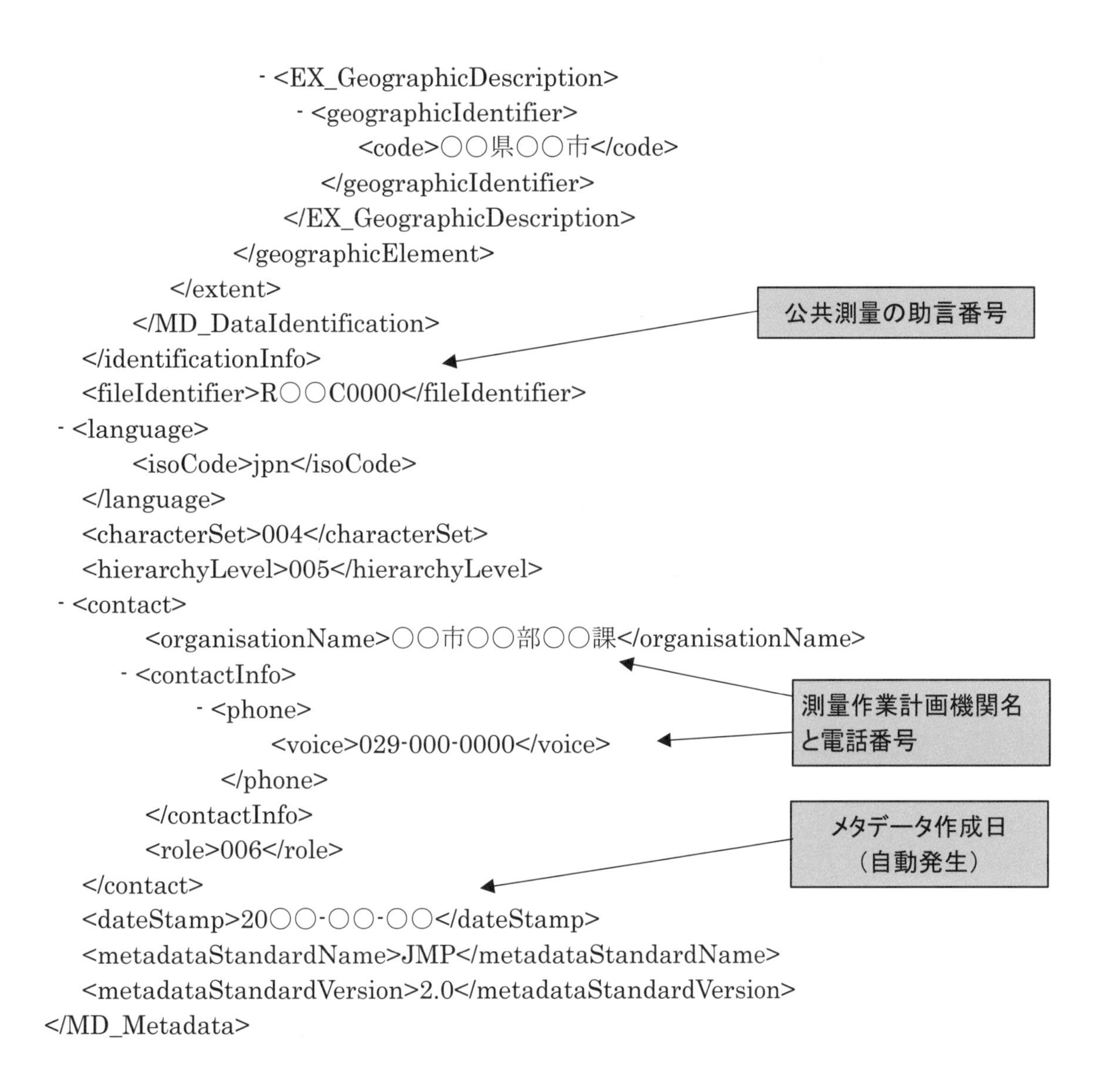

```
              - <EX_GeographicDescription>
                - <geographicIdentifier>
                    <code>○○県○○市</code>
                  </geographicIdentifier>
                </EX_GeographicDescription>
              </geographicElement>
          </extent>
        </MD_DataIdentification>
    </identificationInfo>
    <fileIdentifier>R○○C0000</fileIdentifier>
  - <language>
        <isoCode>jpn</isoCode>
    </language>
    <characterSet>004</characterSet>
    <hierarchyLevel>005</hierarchyLevel>
  - <contact>
        <organisationName>○○市○○部○○課</organisationName>
      - <contactInfo>
          - <phone>
                <voice>029-000-0000</voice>
            </phone>
        </contactInfo>
        <role>006</role>
    </contact>
    <dateStamp>20○○-○○-○○</dateStamp>
    <metadataStandardName>JMP</metadataStandardName>
    <metadataStandardVersion>2.0</metadataStandardVersion>
</MD_Metadata>
```


メタデータは、データに関するデータをいい、空間データ（測量成果）の所在、内容等を記載したデータをいう。このメタデータは、既存データの検索等で利用される。

メタデータの必須項目は 7 項目（データの要約、作業名、助言番号、納品日、データ範囲、計画機関名と電話番号）あり、国土地理院が提供している「公共測量用メタデータエディタ」を使用して入力することができる。

（注意）メタデータに入力した内容は全て公表されるので記載内容に注意する。
詳細については、国土地理院ホームページを参照すること。

http://psgsv2.gsi.go.jp/koukyou/public/seihinsiyou/seihinsiyou_meta.html

令和○○年度

○級水準測量

○○地区

建標承諾書等

建標承諾書
測量標設置位置通知書
測量標新旧位置明細書
基準点現況調査報告書

計画機関　○○○○
作業機関　○○○○株式会社

イ. 建標承諾書

所有者の例

建 標 承 諾 書

令和　○○年　○○月　○○日

計画機関宛

○○○○○○　　殿

所有者　　住所　○○県○○市大字○○△△番地

管理者　　氏名　○○　○○　　　　㊞

水準点	等級	名称	標識番号
	1級	――	○○○

所在地	都道府県	市郡	町村	大字	字	番地	俗称	地目
	○○	○○	――	○○	――	△△	――	宅地

上記　○○　○○　所有　　　地内に　　1級　　水 準 点の標識を

設置することを承諾する。

建標承諾書の標準様式(作業規程の準則　様式第4-2)
以外の様式を採用する場合は、計画機関の指示による。
この例は、様式第4-2を採用している。

注 1. この標識は○○○○で設置したもので各種測量の基準となる重要な標識でありますから、動かしたり、破損したり、しないようご注意願います。
2. なお、記載内容は、測量標の利用者が所在地及び所有者を確認するために必要となる測量記録(点の記)に記載されます。
3. 不要の文字は抹消すること。

管理者の例

建 標 承 諾 書

令和　○○年　○○月　○○日

計画機関宛

○○○○○○　　殿

所有者　　住所　○○県○○市△△番地

管理者　　氏名　○○　○○　　　　㊞

	等級	名称	標識番号
水準点	1級	――――	○○○

	都道府県	市郡	町村	大字	字	番地	俗称	地目
所在地	○○	○○	――	○○	――	△△	――	公衆用道路

上記　○○　○○　管理　地内に　　1級　水 準 点の標識を

設置することを承諾する。

注　1. この標識は○○○○で設置したもので各種測量の基準となる重要な標識でありますから、動かしたり、破損したり、しないようご注意願います。

2. なお、記載内容は、測量標の利用者が所在地及び所有者を確認するために必要となる測量記録（点の記）に記載されます。

3. 不要の文字は抹消すること。

ロ. 測量標設置位置通知書

測量標設置位置通知書

市町村別に作成する。

水準点			所在地	地目	標識		設置年月日	備考
級	番号	名称			種類	番号		
1	○○○	—	○○県○○市○○123番地先	公衆用道路	金属標	○○○	令和○年○月○日	

公共水準点の等級は、「1、2、3、4」で記入する。

設置年月日は、測量標の設置年月日を記入する。

ハ．測量標新旧位置明細書

測量標新旧位置明細書

市町村別に作成する。

作業区分	級種別	番号・名称	新 旧	所在地	地目	敷地面積	復旧を行った理由	設置年月日	備考
移転	1□	○○○	新	○○県○○市○○1234番5	宅地		測量標効用保全のため	○○○○.9.9	旧位置より北西約36mに移転
			旧	○○県○○市○○1232番3	雑種地			△△△△.7.7	

公共水準点の等級は、「1、2、3、4」で記入する。

二. 基準点現況調査報告書

基準点現況調査報告書

調査年月日	自：令和○○年○月○日 至：令和○○年○月○日	○日間	作　業　名：	○○県地盤変動調査水準測量
			作業機関名：	○○○○測量株式会社
			調　査　者：	○○　○○

1/2.5万図名	級種類	番号	名称(番号)	所在地(市町村名)	現況区分	現況地目	備考
○○	Ⅰ□	—	1115	○○県○○市	正常	宅地	L01000000****
○○	Ⅰ□	—	1117	○○県○○市	正常	公園	L01000000****
○○	Ⅰ□	—	2812	○○県○○市	正常	境内地	L01000000****
○○	1□		○○	○○県○○市	正常	公衆用道路	公共点
○○	2□		○○	○○県○○市	正常	堤	公共点

水準点の等級は、次のように記入する。
・国家水準点：Ⅰ、Ⅱ、Ⅲ
・公共水準点：1、2、3

備考欄には、次のように明示する。
・国家水準点：基準点コードを記入
・公共水準点：「公共点」と記入

（参考）現況区分の内訳は以下のとおり

現況区分表

現況区分		現況
正常		点の記等により柱石及び盤石が異常でないと判断されるもの。
異常	亡失	盤石がなくなっていることを確認したもの、又は盤石はあるが、その位置が測量成果の表示する位置と異なっていることが点の記等で明らかであるもの。
	不明	盤石が発見できず、亡失していることが確認できないもの。
	傾斜	盤石は正常であるが、柱石が傾斜又は横転しているため、柱石を正常な位置に修正することが必要と判断されるもの。
	要移転	柱石及び盤石は正常であるが、現状のままでは将来における保存等の継続が見込まれず、移転が必要と判断されるもの。
	埋没	柱石が地中に埋没しており、高上又は保護策が必要と判断されるもの。
	露出	柱石が地上に著しく露出しており、低下又は保護策が必要と判断されるもの。
	柱石き損	盤石は正常であるが、柱石がき損しているため、柱石の交換又は補修が必要と判断されるもの。
	柱石亡失	盤石は正常であるが、柱石は亡失しているため、柱石の補充が必要と判断されるもの。

（10）作業管理写真

令和〇〇年度

〇級水準測量

〇〇地区

作業管理写真

計画機関　〇〇〇〇

作業機関　〇〇〇〇株式会社

測量標の埋設工事写真

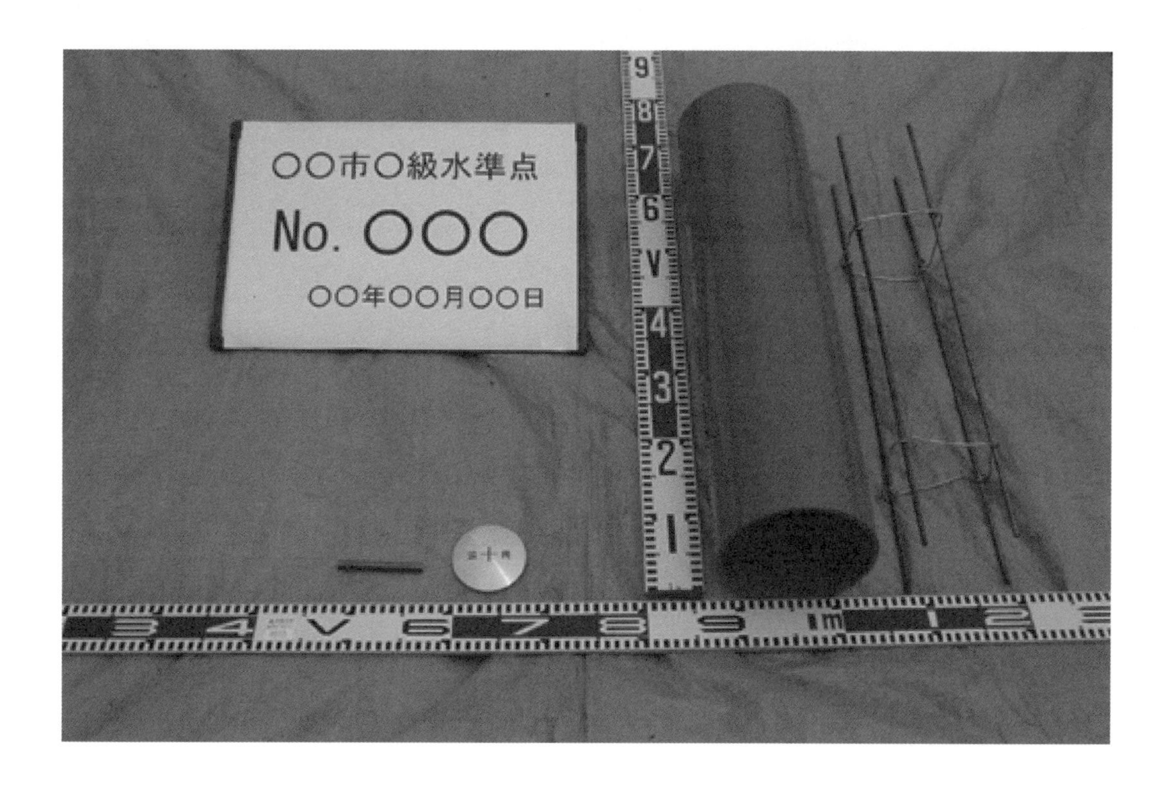

○○市○級水準点
No. ○○○
○○年○○月○○日

○○市○級水準点
No. ○○○
○○年○○月○○日

第３章　ＧＮＳＳ測量機による水準測量

第１節　電子基準点のみを使用した水準測量

注記：本内容は、記載要領用に作成したものであり、数値等は実際のソフトウェアの出力と異なる場合がある。

（1）目　次

目　次

等級	番　号	測点名称	頁
諸　資　料　簿			
検定証明書等			
成果検定証明書(正)			
ＧＮＳＳ測量機検定証明書（写）			
ＧＮＳＳ測量機アンテナ定数証明書（写）			
電算プログラム検定証明書等（写）			
既知点成果表、点の記			
平均図			
観測図			
網　図			
観　測　簿			
ＧＮＳＳ測量観測記録簿			
○○○セッション			
○○			○○
○○			○○
○○○セッション(点検測量)			
○○			○○
○○			○○
ＧＮＳＳ測量観測手簿			
○○○セッション			
○○			○○
○○			○○
○○○セッション(点検測量)			
○○			○○
ＧＮＳＳ測量観測記簿			
○○○セッション			
○○～○○			○○
○○～○○			○○
○○○セッション(点検測量)			
○○～○○			○○

等級	番　号	測点名称	頁
計　算　簿			
点検計算			
観測値の点検			○○
楕円体高の閉合差の点検			○○
平均計算			
三次元網平均計算			○○
斜距離の残差の計算			○○
成　果　表			
成　果　表			
成果数値データファイル			
水準点座標一覧			
点　の　記			
点　の　記			
精　度　管　理　簿			
精度管理表			
点検計算結果			
平均図（写）			
観測図（写）			
品質評価表			
メ　タ　デ　ー　タ			
メタデータ			
建　標　承　諾　書　等			
建標承諾書			
測量標設置位置通知書			
作　業　管　理　写　真			
測量標の設置写真			
参　考　資　料			
観測計画表			
ＧＮＳＳ衛星情報			
工事設計書等			

網掛けの簿冊の掲載は省略

令和○○年度

3級水準測量

○○地区

諸 資 料 簿

検定証明書・定数証明書
既知点成果表
平均図・観測図

計画機関　○○○○
作業機関　○○○○株式会社

平均図及び観測図の作成要領

平均図及び観測図は、次のとおり作成する。

① 計画機関の監督員等から平均図の承認を得た場合には「承認する」の記入と押印を得る。

② 平均図及び観測図の縮尺を記入するものとし、縮尺は任意とする。

③ 平均図及び観測図に中略記号を用いた場合には点間の距離を記入する。

④ 観測図は、平均図に基づきセッション名など必要な情報を記載し作成する。

⑤ 各図上の基準点の記号と大きさ及び注記は、次表を参考に作成する。

基準点の区分	記号	直径又は１辺の大きさ	線の太さ
電子基点（標高区分：水準測量による）	◇（□内）	１辺４.５mmの正方形を45°回転	0.3～0.5mm
既知点（水準点）	⊡	１辺４mm正方形及び直径.5㎜の黒円	〃
新　点（水準点）	□	１辺３mmの正方形	〃
偏心点	●	直径１㎜の黒円	
偏心距離	□═●		

イ．検定証明書等

成果検定証明書は正を添付する。

検　定　証　明　書

日測技発第○○○−○○○○ 号
○○○○年○○月○○日

○○○○株式会社
代表取締役　○○　○○　殿

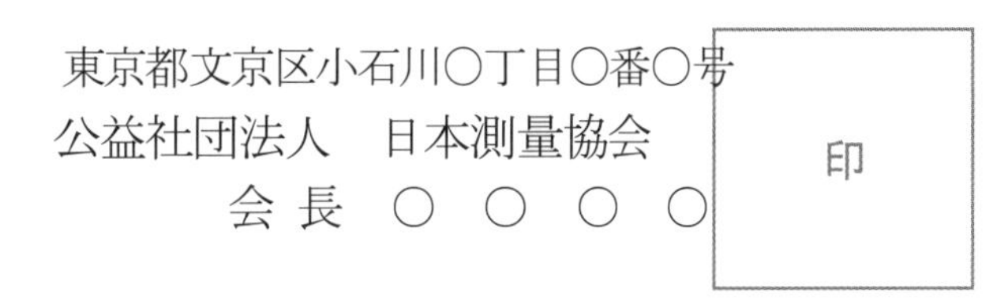

下記の測量成果及び記録（資料）は、当協会の測量成果検定要領に基づいて検定した結果、別紙検定記録書に記載のとおり適合していることを証明します。

記

業務名称　○○○○○○○○○○○

地区名　○○○○地区

測量種別　３級水準測量（ＧＮＳＳ測量）

数量（検定数量）　○○点

作業規程等名称　○○○○公共測量作業規程

使用する全ての機器の証明書のコピーを添付する。

ＧＮＳＳ測量機検定証明書

契約番号 第 〇〇-〇〇〇〇-〇〇号
〇〇〇〇年〇〇月〇〇日

〇〇〇〇〇〇〇〇　殿

東京都文京区小石川〇丁目〇番〇 号
公益社団法人　日 本 測 量 協 会
会　　長　〇　〇　〇　〇　印

検定要領に基づいて検定した結果は、下記のとおりである。

記

機種及び製造番号	受　信　機	〇〇〇〇 〇〇〇〇	No.〇〇〇〇〇〇
	アンテナ	〇〇〇〇	No.〇〇〇〇〇〇
検定年月日	〇〇〇〇年〇〇月〇〇日		
技術管理者	測量士	〇〇〇〇	
検　定　者	測量士	〇〇〇〇	
検定内容	外観・構造及び機能	良　好	
	性　能	良　好	
判　定 （観測方法）	公共測量作業規程の準則による測量機器級別性能分類ＧＮＳＳ測量機 2周波スタティック法、1周波スタティック法、短縮スタティック法の観測方法に適合		
有効期間	〇〇〇〇年〇〇月〇〇日より〇〇〇〇年〇〇月〇〇日まで		
備　考			

1級GNSS測量機で10Km以上の基線を測定する場合は、2周波スタティック法の検定を受けなければならない。なお、2周波スタティック法の検定を受けると、1周波スタティック法及び短縮スタティック法の検定を省略できる。

（1）ＱＲコードは、検定機関が証明書の記載内容を確認するためのものです。
（2）証明書の内容についてご不明の点は、下記へお問い合わせ下さい。
公益社団法人日本測量協会 機器検定部
TEL 029-853-8212 E-Mail:inst@geo.or.jp

証明書はコピーを添付する。

ＧＮＳＳ測量機アンテナ定数証明書

〇〇〇〇年〇〇月〇〇日

〇〇〇〇〇〇〇〇〇 殿

東京都〇〇〇〇〇〇〇〇〇〇〇〇
株式会社〇〇〇〇〇〇〇〇

標記につきまして下記のとおり証明いたします。

記

１．アンテナ名称
〇〇〇〇〇〇〇〇〇〇〇〇〇
２．製造番号
No.〇〇〇〇〇〇〇〇〇〇〇
３．アンテナ位相特性データ
バージョン：〇〇／〇〇／〇〇

オフセット（mm）			
成分	南北	東西	高さ
Ｌ１	1.6	0.7	85.0
Ｌ２	0.8	1.2	70.1

ＰＣＶ補正量（高度角 90°～45°）									(mm)
高度角	90°	85°	80°	75°	70°	65°	60°	55°	50°	45°
Ｌ１	0.0	0.7	1.6	2.8	3.9	4.9	5.9	6.6	7.0	7.2
Ｌ２	0.0	-0.1	-0.1	0.1	0.4	0.7	1.0	1.2	1.4	1.5

ＰＣＶ補正量（高度角 40°～ 0°）									(mm)
高度角	40°	35°	30°	25°	20°	15°	10°	5°	0°	
Ｌ１	6.8	6.2	5.2	3.7	1.8	-0.5	-3.2	0.0	0.0	
Ｌ２	1.4	1.1	0.8	0.2	-0.4	-1.3	-2.2	0.0	0.0	

４．アンテナ定数

測定方法	アンテナ定数
アンテナ底面までの高さ	0.08546 (m)
アンテナのノッチの底部までの高さ	0.04111 (m)

垂直高(True Vertical)＝アンテナ底面までの高さ＋ 0.08546 (m)
または
垂直高(True Vertical)＝アンテナのノッチの底部までの高さ＋ 0.04111 (m)

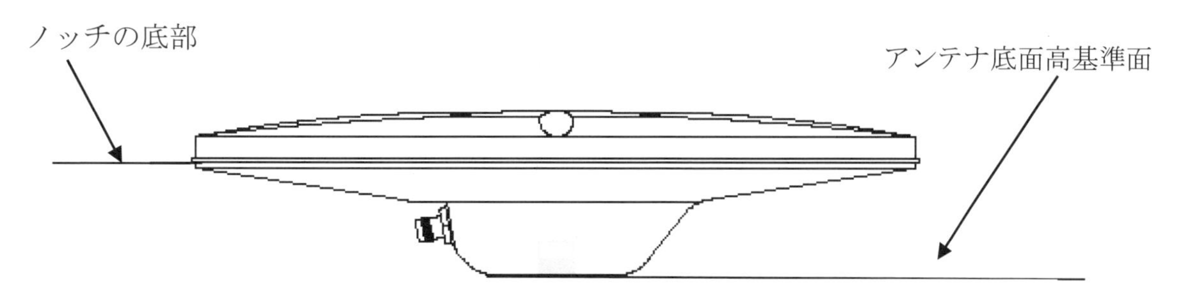

証明書はコピーを添付する。

電算プログラム検定証明書

日測技発第○○○－○○○○号

○○○○年○○月○○日

○○○○株式会社
代表取締役 ○○　○○ 殿

東京都文京区小石川○丁目○番○号
公益社団法人 日本測量協会
会　　長 ○ ○　○ ○　印

下記の電算プログラムは、電算プログラム検定要領に基づいて検定した結果、検定基準に適合していることを証明します。

ただし、当該プログラムを修正したときは、その時点においてこの証明書は、効力を失います。

記

1．検定証明番号

(1) 証明番号　第 ○○－○○○○ 号

(2) 証明年月日　○○○○年○○月○○日

2．電算プログラムの名称及び検定の種別

(1) プログラム名称　三次元網平均計算（観測方程式）Ver. 2.0
セミ・ダイナミック補正対応

(2) 検定の種別　修正検定

3．使用目的　作業規程の準則に準拠する測量

4．動作可能環境　Microsoft Windows 7/8/10
上記OSの要件に対応したCPU
上記OSの要件が推奨する搭載量以上のメモリー容量
Microsoft .NET Framework 4.6

5．制限条件　既知点数＋未知点数　2,000 点 以内
1 点あたりの観測方向数　500 点 以内

平均計算に使用するプログラムは、計算結果が正しいと確認されたものを使用する。
検定を受けたプログラムは、証明書のコピーを添付する。自社点検を行った場合は、点検資料を添付する。

証明書はコピーを添付する。

株式会社〇〇〇〇〇
代表取締役　〇〇　〇〇　殿

プログラム証明書

　電算プログラム名称　○○○○　三次元網平均計算（観測方程式）は、

株式会社○○○電算プログラム　自社検定番号No.　○○○―○○のコピー

に相違ないことを証明致します。

〇〇〇〇年〇〇月〇〇日

証明者

会社所在地　〇〇〇〇
会社名　〇〇〇〇
代表者　〇〇〇〇

印

ロ．既知点成果表

基準点成果表

世界測地系（測地成果2011）

基準点コード	冠字番号	緯度	X（m）	縮尺係数	1/5万図名
		経度	Y（m）		
種　　別	基準点名	標高	座標系	楕円体高	標高区分
○○○○○○		350250.0804	-105622.149	0.999917	○○
		1385424.8186	37119.646		
電子基準点	○○	8.333	○系	○○.○○	水準測量による
○○○○○○		345802.7869	-114386.418	0.999937	○○
		1390557.4114	54723.795		
電子基準点	○○	26.505	○系	○○.○○	水準測量による
○○○○○○		345242.5141	-124241.280	0.999940	○○
		1390727.7139	57075.960		
電子基準点	○○	21.117	○系	○○○.○○	水準測量による

この基準点成果表の座標値は、実際の成果値とは異なっている。

※基準点成果等閲覧サービスより出力した基本基準点成果表は、公共測量を実施する際の既知点成果として利用することができる。
ただし、公共測量で使用する際は、謄抄本交付された成果表を求められる場合もあるので、当該測量計画機関に確認して使用する。

※測量標及び測量成果の無断使用は測量法により罰せられることがあります。
使用承認を得て使用してください　　　　国土地理院（基準点成果等閲覧サービス出力）

○○○○年○月○日

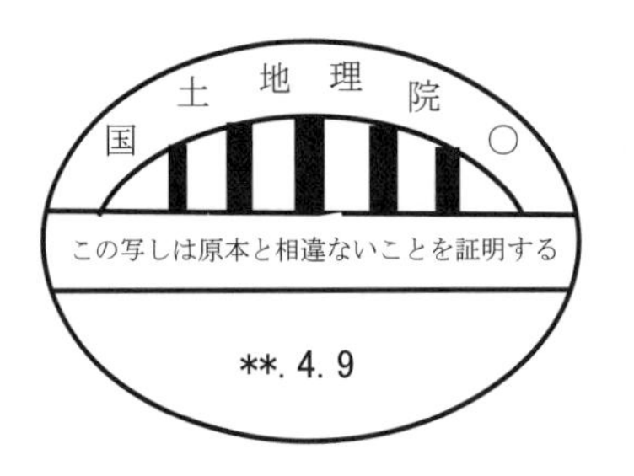

○○○○年４月　９日　調製　国土地理院

ハ.平均図等

電子基準点(標高区分:水準測量による)を既知点とした場合の例

令和○○年度　3級GNSS水準測量
○○地区　平均図

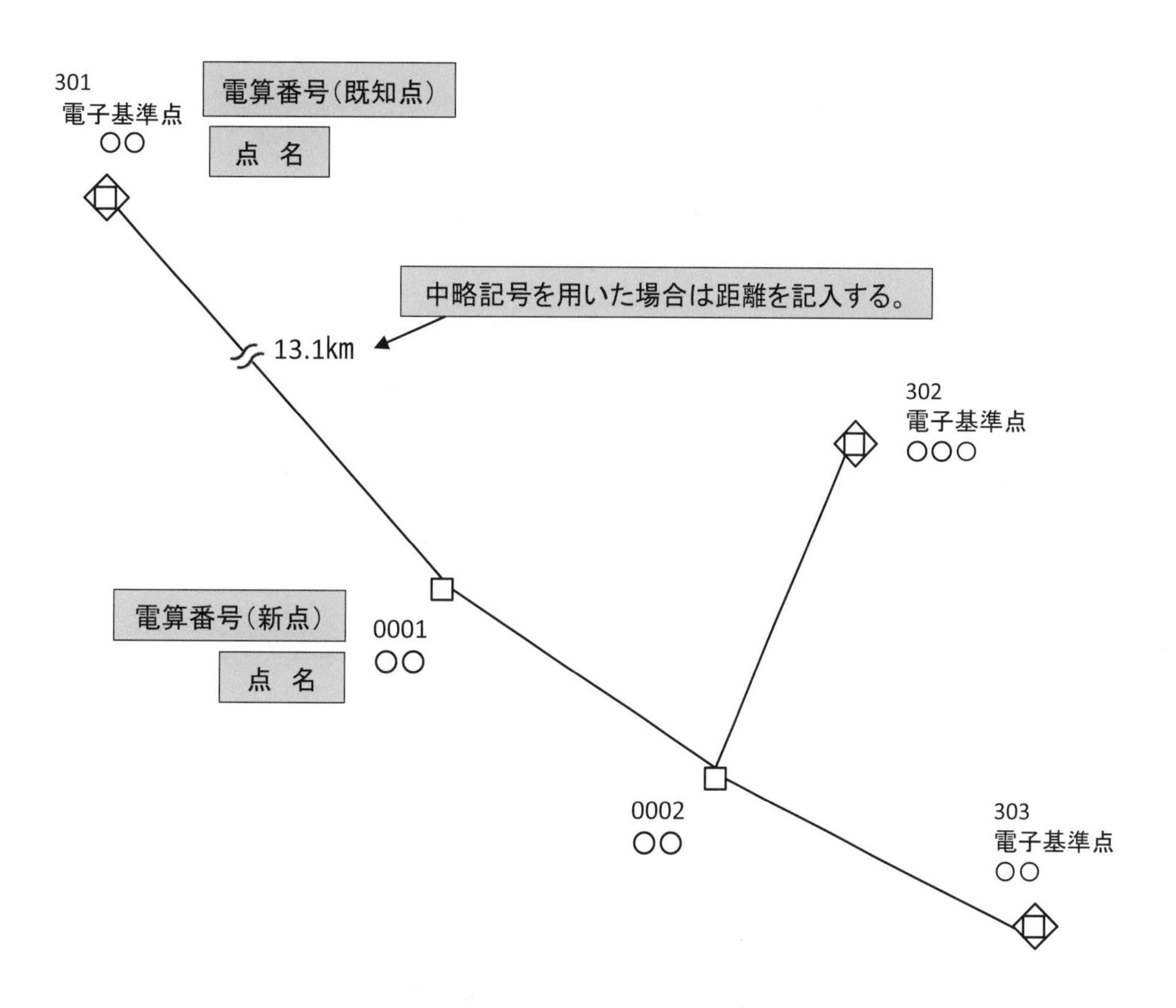

承認する
監督員　○○　○○　印

平均図は、観測前に必ず計画機関の承認を得る。

令和○○年度　3級GNSS水準測量
○○地区　観測図

縮尺＝1／○○○,○○○

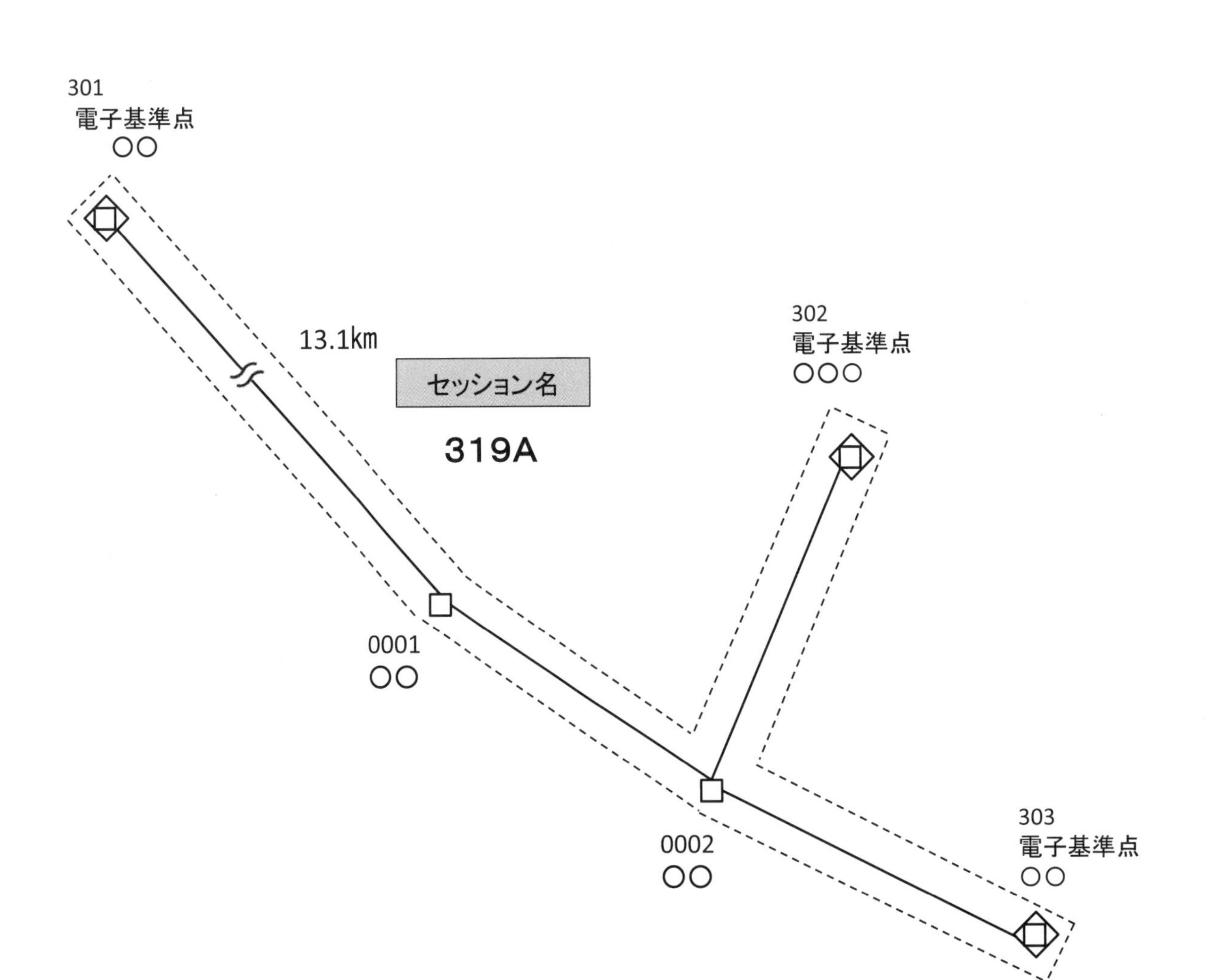

図中の破線は観測のセッションを示す。

（３）観 測 簿

イ．ＧＮＳＳ測量観測記録簿

令和○○年度

３級水準測量

○○地区

ＧＮＳＳ測量観測記録簿

計画機関　○○○○

作業機関　○○○○株式会社

記録簿は現地において手書きにより直接記入

ＧＮＳＳ測量観測記録簿

観測年月日	令和○○年11月１５日	観測点名	○○
受信機名	○○○　○○	観測点	☑ B＝C　□ B_2≠C
受信機番号	○○○○○○○○○○	観測点ＩＤ	0001
アンテナ名	○○○○-○○○	セッション名	319A
アンテナ番号	○○○○○ ○○○○	天候	☑ 晴・□ 曇・□ 雨・□ 雪
受信波数	□１周波　☑２周波	観測開始時刻	9 h 50 m　☑ＪＳＴ □ＵＴＣ
観測場所	☑ 地上　□ 屋上	観測終了時刻	15 h 10 m　☑ＪＳＴ □ＵＴＣ
観測状況	☑ 三脚　□タワー	観測時間	5 h 20 m
標識区分	□ 石・☑ 金・□ 杭又は鋲	観測者	○○　○○

①

水平器などを使用し垂直に測定する

機器高測定

測定値１と２の較差は3mm 以内

		観測前測定		観測後測定
①アンテナ底面高（測定値）	1	1.631 m	1	1.629 m
	2	1.631 m	2	1.630 m
①平均値		1.631 m		1.630 m

観測前後の平均値の較差は3mm 以内

全測定の平均値	1.630 m

備考

アンテナ高の測定では以下の事項に留意する
- アンテナ底面高は水平器などを使用し垂直に測定する。
- 測定はJIS１級鋼巻き尺を使用する。
- 測定は観測前に２回、観測後に２回の合計４回行う。

ＧＮＳＳ測量観測記録簿

観測年月日	令和○○年１１月１５日	観測点名	○○
受信機名	○○　○○	観測点	☑ B＝C　□ B_2≠C
受信機番号	○○○○○○○○○○○	観測点ＩＤ	0002
アンテナ名	○○　○○	セッション名	319A
アンテナ番号	○○○○○○○○○○	天候	☑ 晴・□ 曇・□ 雨・□ 雪
受信波数	□１周波　☑２周波	観測開始時刻	9 h 30 m　☑ＪＳＴ □ＵＴＣ
観測場所	☑ 地上　□ 屋上	観測終了時刻	15 h 10 m　☑ＪＳＴ □ＵＴＣ
観測状況	☑ 三脚　□タワー	観測時間	5 h 40 m✓
標識区分	□ 石・☑ 金・□ 杭又は鋲	観測者	○○　○○

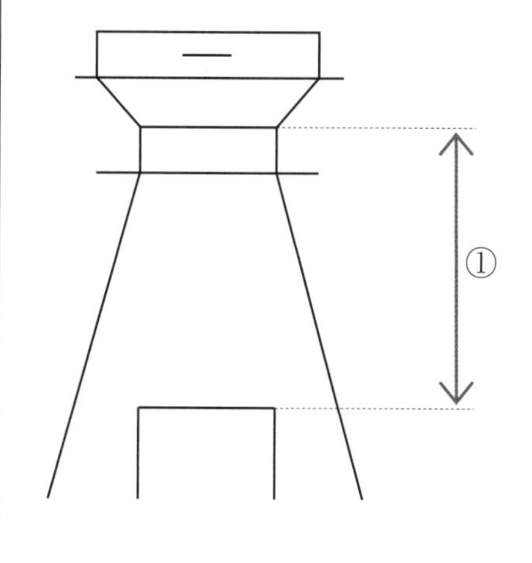

機器高測定

		観測前測定		観測後測定
①アンテナ底面高（測　定　値）	1	1.636　m	1	1.636　m
	2	1.636　m	2	1.637　m
①平　均　値		1.636　m✓		1.637　m✓

全測定の平均値	1.636　m✓

備　考

点検測量

ＧＮＳＳ測量観測記録簿

観測年月日	令和○○年11月１６日	観測点名	○○
受信機名	○○○　○○	観測点	☑ B＝C　□ B_2≠C
受信機番号	○○○○○○○○○○	観測点ＩＤ	0002
アンテナ名	○○○○-○○○	セッション名	320A
アンテナ番号	○○○○○ ○○○○	天候	☑ 晴・□ 曇・□ 雨・□ 雪
受信波数	□１周波　☑２周波	観測開始時刻	9 h 34 m　☑ＪＳＴ □ＵＴＣ
観測場所	☑ 地上　□ 屋上	観測終了時刻	15 h 00 m　☑ＪＳＴ □ＵＴＣ
観測状況	☑ 三脚　□タワー	観測時間	5 h 26 m
標識区分	□ 石・☑ 金・□ 杭又は鋲	観測者	○○　○○

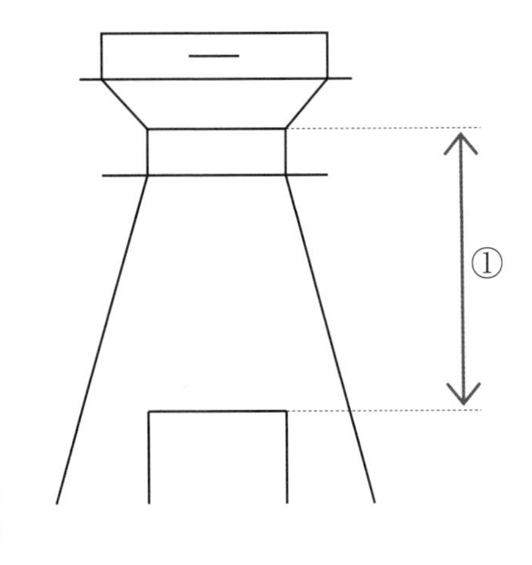

機器高測定

	観測前測定		観測後測定	
①アンテナ底面高（測定値）	1	1.662 m	1	1.621 m
	2	1.662 m	2	1.622 m
①平均値		1.662 m		1.622 m

全測定の平均値	1.622 m

備考

ロ．ＧＮＳＳ測量観測手簿

令和○○年度

３級水準測量

○○地区

ＧＮＳＳ測量観測手簿

計画機関　○○○○

作業機関　○○○○株式会社

ＧＮＳＳ測量観測手簿

観測点　：　301　電子基準点　○○

受信機名　：　○○○○○○　　データ取得間隔　：　30　秒
受信機番号　：　○○○○○○　　最低高度角　：　15　度
　　　　　　　　　　　　　　最少衛星個数　：　6　衛星

アンテナ名　：　○○○○○○○　　アンテナ底面高　：　0.000　m

アンテナ番号　：　○○○○○○○

セッション名　：　319A

観測開始　日時　：　○○ 年 11 月 15 日　0 時 00 分　UTC
観測終了　日時　：　○○ 年 11 月 15 日　11 時 59 分　UTC

電波の受信状況　(捕捉衛星　G:GPS,　R:GLONASS)

```
G衛星No. 1 L1 |-------                                                     ------------
G衛星No. 1 L2 |-----                                                       ------------
G衛星No. 2 L1 |     -------------------
G衛星No. 2 L2 |     -------------------
G衛星No. 3 L1 |                                                 ---------------------
G衛星No. 3 L2 |                                                 ---------------------
G衛星No. 4 L1 |--------------------                                                   -
G衛星No. 4 L2 |--------------------                                                   -
G衛星No. 5 L1 |        ----------------------
G衛星No. 5 L2 |         ---------------------
G衛星No. 6 L1 |                                               -------------------
G衛星No. 6 L2 |                                               -------------------
G衛星No. 7 L1 |            --------                                    ---------------
G衛星No. 7 L2 |             -------                                    --------------
G衛星No. 8 L1 |-              ----------                                    -----------
G衛星No. 8 L2 |-              ---------                                     -----------
G衛星No. 9 L1 |-             -----------                                    -----------
G衛星No. 9 L2 |-             ----------                                     -----------
G衛星No.10 L1 |  --------------------
G衛星No.10 L2 |   -------------------
G衛星No.11 L1 |----                                                    ----------------
G衛星No.11 L2 |---                                                      ---------------
G衛星No.12 L1 |       -------               --------------
G衛星No.12 L2 |       ------                 -------------
G衛星No.13 L1 |    ------------                                   ------------
G衛星No.13 L2 |     -----------                                    ----------
G衛星No.14 L1 |                               -------------------
G衛星No.14 L2 |                               -------------------
G衛星No.15 L1 |                ----------------------
G衛星No.15 L2 |                ----------------------
```

衛星の状態

G衛星番号	No. 1	No. 2	No. 3	No. 4	No. 5	No. 6	No. 7	No. 8	No. 9	No. 10
G衛星の状態	正常	正常	正常	正常	正常	正常	正常	正常	正常	正常
	No. 11	No. 12	No. 13	No. 14	No. 15					
	正常	正常	正常	正常	正常					

（世界測地系）

同　　上

ＧＮＳＳ測量観測手簿

観測点　：　301　電子基準点　○○

受信機名　：　○○○○○○　　データ取得間隔　：　30　秒
受信機番号　：　○○○○○○　　最低高度角　：　15　度
最少衛星個数　：　6　衛星

アンテナ名　：　○○○○○○○　　アンテナ底面高　：　0.000　m

アンテナ番号　：　○○○○○○○

セッション名　：　319A

観測開始　日時　：　○○ 年 11 月 15 日　0 時 00 分　UTC
観測終了　日時　：　○○ 年 11 月 15 日　11 時 59 分　UTC

電波の受信状況　（捕捉衛星　G：GPS，R：GLONASS）

```
R衛星No.15 L1 |                             ----------------                        |
R衛星No.15 L2 |                             ----------------                        |
R衛星No.16 L1 |                                 -------------------                 |
R衛星No.16 L2 |                                 -------------------                 |
R衛星No.17 L1 |           -------------           ------                            |
R衛星No.17 L2 |           -------------           ------                            |
R衛星No.18 L1 |                ----------           ---------                       |
R衛星No.18 L2 |                ----------           ---------                       |
R衛星No.19 L1 |                      -------            ------------                |
R衛星No.19 L2 |                      -------            -----------                 |
R衛星No.20 L1 |                                             ------------            |
R衛星No.20 L2 |                                             ------------            |
R衛星No.21 L1 |-----                                           ----------------     |
R衛星No.21 L2 |----                                            ----------------     |
R衛星No.22 L1 |----------                                          ---------------|
R衛星No.22 L2 |----------                                          ---------------|
R衛星No.23 L1 |---------------                                           ---------|
R衛星No.23 L2 |---------------                                           ---------|
R衛星No.24 L1 |     ---------------                                             --|
R衛星No.24 L2 |     ---------------                                             --|
```

衛星の状態

R衛星番号	No.15	No.16	No.17	No.18	No.19	No.20	No.21	No.22	No.23	No.24
R衛星の状態	正常	正常	正常	正常	正常	正常	正常	正常	正常	正常

(世界測地系)

ＧＮＳＳ測量観測手簿

観測点　：　0001　○○

受信機名	：	○○○○○○	データ取得間隔	：	30 秒 ✓
受信機番号	：	○○○○○○	最低高度角	：	15 度 ✓
			最少衛星個数	：	6 衛星 ✓
アンテナ名	：	○○○○○○○	アンテナ底面高	：	1.630 m ✓
アンテナ番号	：	○○○○○○○			

セッション名　：　319A ✓

観測開始　日時　：　○○ 年 11 月 15 日　　0 時 50 分　　UTC ✓
観測終了　日時　：　○○ 年 11 月 15 日　　6 時 10 分　　UTC ✓

電波の受信状況

```
衛星No. 1 L1 |--------------------                                                    |
衛星No. 1 L2 |--------------------                                                    |
衛星No. 2 L1 |                        ------------------------------------------------|
衛星No. 2 L2 |                        ------------------------------------------------|
衛星No. 4 L1 |     -------------------------------------------------------------      |
衛星No. 4 L2 |     -------------------------------------------------------------      |
衛星No. 5 L1 |                                 ---------------------------------------|
衛星No. 5 L2 |                                 ---------------------------------------|
衛星No. 7 L1 |                                                  -----------------     |
衛星No. 7 L2 |                                                  -----------------     |
衛星No. 8 L1 |----                                                  ------------------|
衛星No. 8 L2 |----                                                  ------------------|
衛星No. 9 L1 |--                                                 ---------------------|
衛星No. 9 L2 |--                                                 ---------------------|
衛星No.10 L1 |              --------------------------------------------------------  |
衛星No.10 L2 |              --------------------------------------------------------  |
衛星No.11 L1 |------------                                                            |
衛星No.11 L2 |------------                                                            |
衛星No.12 L1 |                             --------------                             |
衛星No.12 L2 |                             --------------                             |
衛星No.13 L1 |                   -----------------------------------                  |
衛星No.13 L2 |                   -----------------------------------                  |
衛星No.15 L1 |                                                           -------------|
衛星No.15 L2 |                                                           -------------|
衛星No.17 L1 |-------------------------------------------------                       |
衛星No.17 L2 |-------------------------------------------------                       |
衛星No.19 L1 |---                                                                     |
衛星No.19 L2 |--                                                                      |
衛星No.20 L1 |------------------------------                                          |
衛星No.20 L2 |------------------------------                                          |
衛星No.23 L1 |             ------------------------------                             |
衛星No.23 L2 |             ------------------------------                             |
```

✓

衛星の状態

衛星番号	No. 1	No. 2	No. 4	No. 5	No. 7	No. 8	No. 9	No.10	No.11	No.12
衛星の状態	正常	正常	正常	正常	正常	正常	正常	正常	正常	正常

	No.13	No.15	No.17	No.19	No.20	No.23
	正常	正常	正常	正常	正常	正常

✓

（世界測地系）

同　上

ＧＮＳＳ測量観測手簿

観測点　：　0001　○○

受信機名　：　○○○○○○
受信機番号　：　○○○○○○

データ取得間隔　：　30　秒
最低高度角　：　15　度
最少衛星個数　：　6　衛星

アンテナ名　：　○○○○○○○
アンテナ底面高　：　1.630　m

アンテナ番号　：　○○○○○○○

セッション名　：　319A

観測開始　日時　：　○○ 年 11 月 15 日　0 時 50 分　UTC
観測終了　日時　：　○○ 年 11 月 15 日　6 時 10 分　UTC

電波の受信状況

```
衛星No.26 L1 |                                                    -------------------------|
衛星No.26 L2 |                                                    -------------------------|
衛星No.28 L1 |-----------------------------                                                |
衛星No.28 L2 |-----------------------------                                                |
衛星No.29 L1 |                                                        ---------------------|
衛星No.29 L2 |                                                        ---------------------|
衛星No.32 L1 |-------------------                                                          |
衛星No.32 L2 |-------------------                                                          |
```

衛星の状態

衛星番号	No.26	No.28	No.29	No.32
衛星の状態	正常	正常	正常	正常

点検測量

（世界測地系）

ＧＮＳＳ測量観測手簿

観測点　：　0002　○○

受信機名　：　○○○○○○
受信機番号　：　○○○○○○

データ取得間隔　：　30　秒
最低高度角　：　15　度
最少衛星個数　：　6　衛星

アンテナ名　：　○○○○○○○
アンテナ底面高　：　1.622　m

アンテナ番号　：　○○○○○○○

セッション名　：　320A

観測開始　日時　：　○○ 年 11 月 16 日　0 時 34 分　UTC
観測終了　日時　：　○○ 年 11 月 16 日　6 時 00 分　UTC

電波の受信状況

```
衛星No. 1 L1 |----------                          |
衛星No. 1 L2 |----------                          |
衛星No. 2 L1 |            ------------------------|
衛星No. 2 L2 |            ------------------------|
衛星No. 4 L1 |   ------------------------------   |
衛星No. 4 L2 |   ------------------------------   |
衛星No. 5 L1 |                 -------------------|
衛星No. 5 L2 |                 -------------------|
衛星No. 7 L1 |                         ---------  |
衛星No. 7 L2 |                         ---------  |
衛星No. 8 L1 |--                         ---------|
衛星No. 8 L2 |--                         ---------|
衛星No. 9 L1 |-                         ----------|
衛星No. 9 L2 |-                         ----------|
衛星No.10 L1 |       ---------------------------- |
衛星No.10 L2 |       ---------------------------- |
衛星No.11 L1 |------                              |
衛星No.11 L2 |------                              |
衛星No.12 L1 |               -------              |
衛星No.12 L2 |               -------              |
衛星No.13 L1 |          -----------------         |
衛星No.13 L2 |          -----------------         |
衛星No.15 L1 |                              ------|
衛星No.15 L2 |                              ------|
衛星No.17 L1 |-------------------------           |
衛星No.17 L2 |-------------------------           |
衛星No.19 L1 |--                                  |
衛星No.19 L2 |-                                   |
衛星No.20 L1 |---------------                     |
衛星No.20 L2 |---------------                     |
衛星No.23 L1 |       ---------------              |
衛星No.23 L2 |       ---------------              |
```

衛星の状態

衛星番号	No. 1	No. 2	No. 4	No. 5	No. 7	No. 8	No. 9	No.10	No.11	No.12
衛星の状態	正常	正常	正常	正常	正常	正常	正常	正常	正常	正常

衛星番号	No.13	No.15	No.17	No.19	No.20	No.23
衛星の状態	正常	正常	正常	正常	正常	正常

（世界測地系）

同　上

ＧＮＳＳ測量観測手簿

観測点　：　0002　○○

受信機名　：　○○○○○○
受信機番号　：　○○○○○○

データ取得間隔　：　30　秒
最低高度角　：　15　度
最少衛星個数　：　6　衛星

アンテナ名　：　○○○○○○○
アンテナ底面高　：　1.622　m

アンテナ番号　：　○○○○○○○

セッション名　：　320A

観測開始　日時　：　○○ 年 11 月　16 日　0 時 34 分　UTC
観測終了　日時　：　○○ 年 11 月　16 日　6 時 00 分　UTC

電波の受信状況

```
衛星No.26 L1 |                                                ---------------------|
衛星No.26 L2 |                                                ---------------------|
衛星No.28 L1 |-------------------------                                            |
衛星No.28 L2 |-------------------------                                            |
衛星No.29 L1 |                                                    -----------------|
衛星No.29 L2 |                                                    -----------------|
衛星No.32 L1 |----------------                                                     |
衛星No.32 L2 |----------------                                                     |
```

衛星の状態

衛星番号	No.26	No.28	No.29	No.32
衛星の状態	正常	正常	正常	正常

令和○○年度

３級水準測量

○○地区

ＧＮＳＳ測量観測記簿

計画機関　○○○○

作業機関　○○○○株式会社

イ．基線解析

（世界測地系）

ＧＮＳＳ測量観測記簿

解析ソフトウェア　：　○○○○○○○○
使用した軌道情報　：　放送暦
使用した楕円体　：　ＧＲＳ８０
使用した周波数　：　GPS & GLONASS L1/L2
基線解析モード　：　Single

重量(P)は、分散・共分散行列の逆行列を使用するため基線解析は解析手法(2波)及び解析時間を統一する。

セッション名　：　319A
解析使用データ　開始　：　○○年 11 月 15 日　1 時 00 分　UTC
終了　：　○○年 11 月 15 日　6 時 00 分　UTC
最低高度角　：　15 度
気圧　：　1013 hPa　温度：20℃　湿度：50%

観測点 1 ： 303 電子基準点 ○○			観測点 2 ： 0002 ○○		
受信機名(No.)	：○○○○○	(　　)	受信機名(No.)	：○○○○○	(○○○○○○○○)
アンテナ名(No.)	：○○○○○	(　　)	アンテナ名(No.)	：○○○○○	(○○○○○○○○)
PCV補正(Ver.)	：有り	(08/05/07)	PCV補正(Ver.)	：有り	(07/09/01)
アンテナ底面高	＝ 0.000 m		アンテナ底面高	＝ 1.636 m	

起点：入力値		終点：	
緯度 ＝	34° 52′ 42.51410″	緯度 ＝	34° 54′ 23.69300″
経度 ＝	139° 7′ 27.71390″	経度 ＝	139° 3′ 16.82448″
楕円体高 ＝	60.948 m	楕円体高 ＝	550.758 m
座標値 X＝		座標値 X＝	-3955551.850 m
座標値 Y＝		座標値 Y＝	3431887.493 m
座標値 Z＝		座標値 Z＝	3629687.677 m

起点の緯度・経度は成果表の値(元期座標)を、
楕円体高は、成果表の標高に、ジオイド高を加えた値を入力。
求めた緯度・経度・楕円体高を用いて順次解析を行う。

解析結果

解の種類：Fix (L1,L2)　バイアス決定比：100.000

観測点	観測点	DX	DY	DZ	斜距離
1	2	5216.353 m	3909.501 m	2837.745 m	7109.665 m
	標準偏差	7.135E-3	6.238E-3	6.551E-3	1.621E-3

観測点	観測点	方位角	高度角	測地線長	楕円体比高
1	2	296° 5′ 57.88″	3° 55′ 6.93″	7092.432 m	489.810 m
2	1	116° 3′ 34.36″	-3° 58′ 56.24″		

分散・共分散行列

	DX	DY	DZ
DX	5.0908195E-005		
DY	-4.2606807E-005	3.8914637E-005	
DZ	-4.4224700E-005	3.8502214E-005	4.2916341E-005

使用したデータ数　：　6615　棄却したデータ数　：　114　棄却率　：　1.7 %
使用したデータ間隔　：　30 秒

（世界測地系）

ＧＮＳＳ測量観測記簿

解析ソフトウェア　：　○○○○○○○○
使用した軌道情報　：　放送暦
使用した楕円体　：　ＧＲＳ８０
使用した周波数　：　GPS & GLONASS L1/L2
基線解析モード　：　Single

セッション名　：　319A
解析使用データ　開始　：　○○年　11 月　15 日　1 時　00 分　UTC
終了　：　○○年　11 月　15 日　6 時　00 分　UTC
最低高度角　：　15 度
気圧　：　1013 hPa　温度:　20℃　湿度:　50%

観測点 1 : 0002 ○○		観測点 2 : 302 ○○	
受信機名(No.)	○○○○○ (○○○○○○○○)	受信機名(No.)	○○○○○ ( )
アンテナ名(No.)	○○○○○ (○○○○○○○○)	アンテナ名(No.)	○○○○○ ( )
PCV補正(Ver.)	有り (07/09/01)	PCV補正(Ver.)	有り (11/05/31)
アンテナ底面高 =	1.636 m	アンテナ底面高 =	0.000 m
起点 :		終点 :	
緯度 =	34° 54′ 23.69300″	緯度 =	34° 58′ 2.78946″
経度 =	139° 3′ 16.82448″	経度 =	139° 5′ 57.41374″
楕円体高 =	550.758 m	楕円体高 =	66.407 m
座標値 X=	-3955551.850 m	座標値 X=	-3954999.779 m
座標値 Y=	3431887.493 m	座標値 Y=	3426015.078 m
座標値 Z=	3629687.677 m	座標値 Z=	3634945.564 m

解析結果

解の種類：Fix (L1, L2)　バイアス決定比：100.000

観測点	観測点	DX	DY	DZ	斜距離
1	2	552.071 m	-5872.415 m	5257.887 m	7901.608 m
	標準偏差	7.109E-3	6.232E-3	6.566E-3	1.751E-3

観測点	観測点	方位角	高度角	測地線長	楕円体比高
1	2	31° 6′ 7.15″	-3° 32′ 59.30″	7886.367 m	-484.351 m
2	1	211° 7′ 39.12″	3° 28′ 43.69″		

分散・共分散行列

	DX	DY	DZ
DX	5.0541581E-005		
DY	-4.2333613E-005	3.8839433E-005	
DZ	-4.4075492E-005	3.8440328E-005	4.3112577E-005

使用したデータ数　：　6687　棄却したデータ数　：　91　棄却率　：　1.3 %
使用したデータ間隔　：　30 秒

仮定三次元網平均計算による楕円体高の閉合差の点検に使用　（世界測地系）

GNSS測量観測記簿

解析ソフトウェア　：　○○○○○○○○
使用した軌道情報　：　放送暦
使用した楕円体　：　ＧＲＳ８０
使用した周波数　：　GPS & GLONASS L1/L2
基線解析モード　：　Single

セッション名　：　319A
解析使用データ　開始　：　○○年 11月 15日　1時 00分　UTC
終了　：　○○年 11月 15日　6時 00分　UTC
最低高度角　：　15度
気圧　：　1013 hPa　温度：20℃　湿度：50%

観測点 1 ： 302　電子基準点 ○○

受信機名(No.)　：　○○○○○（　）
アンテナ名(No.)　：　○○○○○（　）
PCV補正(Ver.)　：　有り　(11/05/31)
アンテナ底面高　＝　0.000 m

起点　：
緯度　＝　34°58′2.78946″
経度　＝　139°5′57.41374″
楕円体高　＝　66.407 m

座標値 X＝　-3954999.779 m
座標値 Y＝　3426015.078 m
座標値 Z＝　3634945.564 m

観測点 2 ： 303　電子基準点 ○○

受信機名(No.)　：　○○○○○（　）
アンテナ名(No.)　：　○○○○○（　）
PCV補正(Ver.)　：　有り　(08/05/07)
アンテナ底面高　＝　0.000 m

終点　：
緯度　＝　34°52′42.51401″
経度　＝　139°7′27.71392″
楕円体高　＝　60.944 m

座標値 X＝　-3960768.202 m
座標値 Y＝　3427977.991 m
座標値 Z＝　3626849.927 m

解析結果

解の種類：Fix (L1,L2)　バイアス決定比：100.000

観測点	観測点	DX	DY	DZ	斜距離
1	2	-5768.423 m	1962.913 m	-8095.636 m	10132.475 m
	標準偏差	7.664E-3	6.634E-3	6.973E-3	1.750E-3

観測点	観測点	方位角	高度角	測地線長	楕円体比高
1	2	166°55′9.40″	-0°4′35.57″	10132.372 m	-5.463 m
2	1	346°56′1.09″	0°0′53.15″		

分散・共分散行列

	DX	DY	DZ
DX	5.8742859E-005		
DY	-4.8446760E-005	4.4008917E-005	
DZ	-5.0586474E-005	4.3061795E-005	4.8618051E-005

使用したデータ数　：　7734　棄却したデータ数　：　32　棄却率　：　0.4％
使用したデータ間隔　：　30秒

ロ. 観測値の点検

（世界測地系）

GNSS測量観測記簿

解析ソフトウェア　：　○○○○○○○○
使用した軌道情報　：　放送暦
使用した楕円体　：　ＧＲＳ８０
使用した周波数　：　GPS & GLONASS L1/L2
基線解析モード　：　Single

セッション名　：　319A-1

観測値の前半はセッション名に「-1」を付す。

解析使用データ　開始　：　○○年 11 月 15 日　1 時 00 分　UTC
終了　：　○○年 11 月 15 日　3 時 30 分　UTC
最低高度角　：　15 度
気圧　：　1013 hPa　温度：　20℃　湿度：　50%

観測点 1 ：　303　電子基準点　○○
受信機名(No.)　：　○○○○○　(　　)
アンテナ名(No.)　：　○○○○○　(　　)
PCV補正(Ver.)　：　有り　(08/05/07)
アンテナ底面高　＝　0.000 m

観測点 2 ：　0002　○○
受信機名(No.)　：　○○○○○　(○○○○○○○○)
アンテナ名(No.)　：　○○○○○　(○○○○○○○○)
PCV補正(Ver.)　：　有り　(07/09/01)
アンテナ底面高　＝　1.636 m

起　点　：　入力値
緯　度　＝　34° 52′ 42．51410″
経　度　＝　139° 7′ 27．71390″
楕円体高　＝　60．948 m

終　点　：
緯　度　＝　34° 54′ 23．69308″
経　度　＝　139° 3′ 16．82457″
楕円体高　＝　550．737 m

起点の緯度・経度は成果表の値（元期座標）を、
楕円体高は、成果表の標高に、ジオイド高を加えた値を入力。
求めた緯度・経度・楕円体高を用いて順次解析を行う。

座標値　X＝
座標値　Y＝
座標値　Z＝

座標値　X＝　-3955551．838 m
座標値　Y＝　3431887．479 m
座標値　Z＝　3629687．667 m

解析結果

解の種類：　Fix (L1,L2)　バイアス決定比：100.000

観測点	観測点	DX	DY	DZ	斜距離
1	2	5216.365 m	3909.487 m	2837.735 m	7109.662 m
	標準偏差	9.684E-3	8.865E-3	9.116E-3	2.348E-3

観測点	観測点	方位角	高度角	測地線長	楕円体比高
1	2	296° 5′ 57．97″	3° 55′ 6．33″	7092.430 m	489.789 m
2	1	116° 3′ 34．45″	-3° 58′ 55．65″		

分散・共分散行列

	DX	DY	DZ
DX	9.3785020E-005		
DY	-8.2159371E-005	7.8589175E-005	
DZ	-8.4094514E-005	7.6487493E-005	8.3102386E-005

使用したデータ数　：　3448　棄却したデータ数　：　45　棄却率　：　1.3 %
使用したデータ間隔　：　30 秒

（世界測地系）

ＧＮＳＳ測量観測記簿

解析ソフトウェア　：　○○○○○○○○
使用した軌道情報　：　放送暦
使用した楕円体　：　ＧＲＳ８０
使用した周波数　：　GPS & GLONASS L1/L2
基線解析モード　：　Single

観測値の前半はセッション名に「-1」を付す。

セッション名　：　319A-1
解析使用データ　開始　：　○○年 11 月 15 日　1 時 00 分　UTC
終了　：　○○年 11 月 15 日　3 時 30 分　UTC
最低高度角　：　15 度
気圧　：　1013 hPa　温度：20℃　湿度：50%

	観測点 1 : 0002 ○○		観測点 2 : 302 ○○
受信機名(No.)	: ○○○○○ (○○○○○○○○)	受信機名(No.)	: ○○○○○ ( )
アンテナ名(No.)	: ○○○○○ (○○○○○○○○)	アンテナ名(No.)	: ○○○○○ ( )
PCV補正(Ver.)	: 有り (07/09/01)	PCV補正(Ver.)	: 有り (11/05/31)
アンテナ底面高	= 1.636 m	アンテナ底面高	= 0.000 m
起点	:	終点	:
緯度	= 34° 54′ 23.69308″	緯度	= 34° 58′ 2.78950″
経度	= 139° 3′ 16.82457″	経度	= 139° 5′ 57.41368″
楕円体高	= 550.737 m	楕円体高	= 66.397 m
座標値 X	= -3955551.838 m	座標値 X	= -3954999.771 m
座標値 Y	= 3431887.479 m	座標値 Y	= 3426015.073 m
座標値 Z	= 3629687.667 m	座標値 Z	= 3634945.559 m

解析結果

解の種類：Fix (L1, L2)　バイアス決定比：100.000

観測点	観測点	DX	DY	DZ	斜距離
1	2	552.066 m	-5872.406 m	5257.892 m	7901.605 m
	標準偏差	9.626E-3	8.817E-3	9.091E-3	2.420E-3

観測点	観測点	方位角	高度角	測地線長	楕円体比高
1	2	31° 6′ 7.08″	-3° 32′ 59.02″	7886.365 m	-484.340 m
2	1	211° 7′ 39.05″	3° 28′ 43.41″		

分散・共分散行列

	DX	DY	DZ
DX	9.2658498E-005		
DY	-8.1043596E-005	7.7746547E-005	
DZ	-8.3164603E-005	7.5644071E-005	8.2646504E-005

使用したデータ数　：　3438　棄却したデータ数　：　39　棄却率　：　1.1 %
使用したデータ間隔　：　30 秒

（世界測地系）

ＧＮＳＳ測量観測記簿

解析ソフトウェア　：　○○○○○○○○
使用した軌道情報　：　放送暦
使用した楕円体　：　ＧＲＳ８０
使用した周波数　：　GPS & GLONASS L1/L2
基線解析モード　：　Single

観測値の後半はセッション名に「-2」を付す。

セッション名　：　319A-2
解析使用データ　開始　：　○○年 11 月 15 日　3 時 30 分　UTC
終了　：　○○年 11 月 15 日　6 時 00 分　UTC
最低高度角　：　15 度
気圧　：　1013 hPa　温度:　20℃　湿度:　50%

観測点 1 :　303　電子基準点　○○
受信機名(No.)　:　○○○○○　(　)
アンテナ名(No.)　:　○○○○○　(　)
PCV補正(Ver.)　:　有り　(08/05/07)
アンテナ底面高　＝　0.000 m

起　点　:　入力値
緯　度　＝　34° 52′ 42.51410″
経　度　＝　139° 7′ 27.71390″
楕円体高　＝　60.948 m

座標値　X＝　-3960768.203 m
座標値　Y＝　3427977.992 m
座標値　Z＝　3626849.932 m

観測点 2 :　0002　○○
受信機名(No.)　:　○○○○○ (○○○○○○○○)
アンテナ名(No.)　:　○○○○○ (○○○○○○○○)
PCV補正(Ver.)　:　有り　(07/09/01)
アンテナ底面高　＝　1.636 m

終　点　:
緯　度　＝　34° 54′ 23.69292″
経　度　＝　139° 3′ 16.82441″
楕円体高　＝　550.767 m

座標値　X＝　-3955551.856 m
座標値　Y＝　3431887.500 m
座標値　Z＝　3629687.680 m

解析結果

解の種類：　Fix (L1,L2)　バイアス決定比：100.000

観測点	観測点	DX	DY	DZ	斜距離
1	2	5216.347 m	3909.508 m	2837.748 m	7109.665 m
	標準偏差	1.098E-2	9.480E-3	9.852E-3	2.357E-3
	採用値	5216.365	3909.487	2837.735	7109.662 (319A-1)
	差	-0.018	0.021	0.013	0.003

観測点	観測点	方位角	高度角	測地線長	楕円体比高
1	2	296° 5′ 57.79″	3° 55′ 7.19″	7092.431 m	489.819 m
2	1	116° 3′ 34.27″	-3° 58′ 56.51″		
				採用値	489.789
				差	0.030

分散・共分散行列

	DX	DY	DZ
DX	1.2054492E-004		
DY	-1.0006379E-004	8.9875743E-005	
DZ	-1.0242968E-004	8.8301713E-005	9.7053955E-005

使用したデータ数　:　3180　棄却したデータ数　:　64　棄却率　:　2.0 %
使用したデータ間隔　:　30 秒

重複する基線ベクトルの較差　ΔN= -0.005　ΔE= -0.004　ΔU= 0.030
許容範囲　0.020　0.020　0.040

Φ= 34° 54′ 23.6929′， λ=139° 3′ 16.8244″

（世界測地系）

ＧＮＳＳ測量観測記簿

解析ソフトウェア　：　〇〇〇〇〇〇〇〇
使用した軌道情報　：　放送暦
使用した楕円体　：　ＧＲＳ８０
使用した周波数　：　GPS & GLONASS L1/L2
基線解析モード　：　Single

観測値の後半はセッション名に「-2」を付す。

セッション名　：　319A-2
解析使用データ　開始　：　〇〇年 11 月 15 日　3 時 30 分　UTC
終了　：　〇〇年 11 月 15 日　6 時 00 分　UTC
最低高度角　：　15 度
気圧　：　1013 hPa　温度：20℃　湿度：50%

観測点 1 : 0002 〇〇		観測点 2 : 302 〇〇	
受信機名(No.)	: 〇〇〇〇〇 (oooooooo)	受信機名(No.)	: 〇〇〇〇〇 ( )
アンテナ名(No.)	: 〇〇〇〇〇 (oooooooo)	アンテナ名(No.)	: 〇〇〇〇〇 ( )
PCV補正(Ver.)	: 有り (07/09/01)	PCV補正(Ver.)	: 有り (11/05/31)
アンテナ底面高	= 1.636 m	アンテナ底面高	= 0.000 m
起点	:	終点	:
緯度	= 34° 54′ 23.69292″	緯度	= 34° 58′ 2.78940″
経度	= 139° 3′ 16.82441″	経度	= 139° 5′ 57.41376″
楕円体高	= 550.767 m	楕円体高	= 66.419 m
座標値 X=	-3955551.856 m	座標値 X=	-3954999.787 m
座標値 Y=	3431887.500 m	座標値 Y=	3426015.085 m
座標値 Z=	3629687.680 m	座標値 Z=	3634945.569 m

解析結果

解の種類：Fix (L1,L2)　バイアス決定比：100.000

観測点	観測点		DX	DY	DZ	斜距離
1	2		552.068 m	-5872.416 m	5257.889 m	7901.610 m
		標準偏差	1.224E-2	1.059E-2	1.101E-2	2.939E-3
		採用値	552.066	-5872.406	5257.892	7901.605 (319A-1)
		差	0.002	-0.010	-0.003	0.005

観測点	観測点	方位角	高度角	測地線長	楕円体比高
1	2	31° 6′ 7.20″	-3° 32′ 59.23″	7886.369 m	-484.348 m
2	1	211° 7′ 39.16″	3° 28′ 43.62″		
				採用値	-484.340
				差	-0.008

分散・共分散行列

	DX	DY	DZ
DX	1.4990466E-004		
DY	-1.2458397E-004	1.1218969E-004	
DZ	-1.2737402E-004	1.0998972E-004	1.2112254E-004

使用したデータ数　：　3259　棄却したデータ数　：　62　棄却率　：　1.9 %
使用したデータ間隔　：　30 秒

重複する基線ベクトルの較差　ΔN= 0.002,　ΔE= 0.006,　ΔU= -0.008
許容範囲　0.020　0.020　0.040
Φ= 34° 58′ 2.7894′,　λ=139° 5′ 57.4138″

点検測量

（世界測地系）

ＧＮＳＳ測量観測記簿

解析ソフトウェア　：　○○○○○○○○○
使用した軌道情報　：　放送暦
使用した楕円体　：　ＧＲＳ８０
使用した周波数　：　GPS & GLONASS L1/L2
基線解析モード　：　Single

セッション名　：　320A
解析使用データ　開始　：　○○年　11 月　16 日　1 時　00 分　UTC
終了　：　○○年　11 月　16 日　6 時　00 分　UTC
最低高度角　：　15 度
気圧　：　1013 hPa　温度：　20℃　湿度：　50%

観測点 1：0002 ○○	観測点 2：302 電子基準点 ○○
受信機名(No.)：○○○○○ (○○○○○○○○○)	受信機名(No.)：○○○○○ (　)
アンテナ名(No.)：○○○○○ (○○○○○○○○○)	アンテナ名(No.)：○○○○○ (　)
PCV補正(Ver.)：有り (07/09/01)	PCV補正(Ver.)：有り (11/05/31)
アンテナ底面高 ＝ 1.622 m	アンテナ底面高 ＝ 0.000 m
起点：	終点：
緯度 ＝ 34° 54′ 23.69300″	緯度 ＝ 34° 58′ 2.78934″
経度 ＝ 139° 3′ 16.82448″	経度 ＝ 139° 5′ 57.41365″
楕円体高 ＝ 550.758 m	楕円体高 ＝ 66.436 m
座標値 X＝ -3955551.850 m	座標値 X＝ -3954999.797 m
座標値 Y＝ 3431887.493 m	座標値 Y＝ 3426015.097 m
座標値 Z＝ 3629687.677 m	座標値 Z＝ 3634945.577 m

解析結果

解の種類：Fix (L1,L2)　バイアス決定比：100.000

観測点	観測点		DX	DY	DZ	斜距離
1	2		552.054 m	-5872.397 m	5257.900 m	7901.603 m
		標準偏差	6.587E-3	5.781E-3	6.093E-3	1.633E-3
		採用値	552.071	-5872.415	5257.887	7901.608 (319A)
		差	-0.017	0.018	0.013	-0.005

観測点	観測点	方位角	高度角	測地線長	楕円体比高
1	2	31° 6′ 7.15″	-3° 32′ 58.58″	7886.364 m	-484.322 m
2	1	211° 7′ 39.12″	3° 28′ 42.98″		
				採用値	-484.351
				差	0.029

分散・共分散行列

	DX	DY	DZ
DX	4.3385993E-005		
DY	-3.6388210E-005	3.3418175E-005	
DZ	-3.7896378E-005	3.3056018E-005	3.7119473E-005

使用したデータ数　：　6685　棄却したデータ数　：　80　棄却率　：　1.2 %
使用したデータ間隔　：　30 秒

重複基線ベクトルの較差　ΔN= -0.003,　ΔE= -0.002,　ΔU= 0.028
0.020　0.020　0.040
Φ= 34° 58′ 2.7893″，λ=139° 5′ 57.4137″

（5）計　算　簿

令和○○年度

3級水準測量

○○地区

計　　算　　簿

点検計算
　観測値の点検
　楕円体高の閉合差の点検

平均計算
　三次元網平均計算
　斜距離の残差の計算

計画機関　○○○○

作業機関　○○○○株式会社

イ．点検計算

a．観測値の点検

重複する基線ベクトルの較差

計算に使用した既知点：　303 ○○

緯度 ＝　34° 52′ 42.5140″

経度 ＝　139°　7′ 27.7139″

観測値の点検は既知点を含め全ての観測データを点検する。

基線　302 ○○ ～ 303 ○○

	DX	DY	DZ	セッション
点検値	-5768.422	1962.914	-8095.635	319A-2
採用値	-5768.425	1962.912	-8095.637	319A-1
較差	ΔX= 0.003	ΔY= 0.002	ΔZ= 0.002	
	ΔN= 0.002	ΔE= -0.003	ΔU= 0.000	
許容範囲	ΔN= 0.020	ΔE= 0.020	ΔU= 0.040	

基線　303 ○○ ～ 0002 ○○

	DX	DY	DZ	セッション
点検値	5216.347	3909.508	2837.748	319A-2
採用値	5216.365	3909.487	2837.735	319A-1
較差	ΔX= -0.018	ΔY= 0.021	ΔZ= 0.013	
	ΔN= -0.005	ΔE= -0.004	ΔU= 0.030	
許容範囲	ΔN= 0.020	ΔE= 0.020	ΔU= 0.040	

基線　0002 ○○ ～ 302 ○○

	DX	DY	DZ	セッション
点検値	552.068	-5872.416	5257.889	319A-2
採用値	552.066	-5872.406	5257.892	319A-1
較差	ΔX= 0.002	ΔY= -0.010	ΔZ= -0.003	
	ΔN= 0.002	ΔE= 0.006	ΔU= -0.008	
許容範囲	ΔN= 0.020	ΔE= 0.020	ΔU= 0.040	

b. 楕円体高の閉合差の点検

楕円体高の閉合差の点検は、既知点間の楕円体高の閉合差又は仮定三次元網平均計算結果から求めた楕円体高の閉合差による。

（世 界 測 地 系）

既知点間の楕円体高の閉合差

全ての既知点は1つ以上の点検路線で結合させて点検する。

301 ○○ ～ 303 ○○

自	至	斜距離（m）	楕円体比高(m)	楕円体高（m）	備考
301 ○○	0001 ○○	13145.265	126.044	48.791	測地成果2011
				174.835	
0001 ○○	0002 ○○	7508.973	375.963		
				550.798	
0002 ○○	303 ○○	7109.665	-489.810		
				60.988	
				60.948	測地成果2011
路線長		27763.903			
閉合差				0.040	
許容範囲				0.079	

楕円体比高は5時間以上の観測データを使用した基線解析結果。

303 ○○ ～ 302 ○○

自	至	斜距離（m）	楕円体比高(m)	楕円体高（m）	備考
303 ○○	0002 ○○	7109.665	489.810	60.948	測地成果2011
				550.758	
0002 ○○	302 ○○	7901.608	-484.351		
				66.407	
				66.414	測地成果2011
路線長		15011.273			
閉合差				-0.007	
許容範囲				0.058	

仮定三次元網平均計算結果から求めた楕円体高の閉合差

（世 界 測 地 系）

三 次 元 網 平 均 計 算

（ 観 測 方 程 式 ）

地区名 ＝ 〇〇地区

（世 界 測 地 系）

本 計 算 に お け る 楕 円 体 原 子

長半径 ＝ 6378137m

扁平率 ＝ 1/ 298.257222101

単位重量当たりの標準偏差 ＝ .1274076796E+01

分散・共分散値 ＝ 基線解析結果

スケール補正量 ＝ .0000000000E+00

B0 ＝34° 52′ 42. 51″ L0 ＝ 139° 07′ 27. 71″ における

水平面内の回転 ＝ 0.000″

ξ ＝ 0.000″ η ＝ 0.000″

計算条件 ＝仮定網（ジオイド補正あり、鉛直線偏差推定なし、回転推定なし、スケール推定なし）
（日本のジオイド〇〇〇〇(gsigeome,ver〇.〇)）
（セミ・ダイナミック補正なし）

ジオイド・モデルは、最新のものを使用する。

計算日 〇〇〇〇年 〇月〇〇日

検定番号（日本測量協会）No. ××－002 〇〇〇〇年〇〇月〇〇日

会社名 〇〇〇〇株式会社

プログラム管理者 〇〇株式会社 〇〇 〇〇

三次元網平均計算の重量は、解析手法、解析時間を同じにして基線解析により求められた分散・共分散の逆行列を用いる。

既 知 点 の 座 標

点番号	点名称	緯度 ° ′ ″	経度 ° ′ ″	標高	ジオイド高	楕円体高
303	(○○)	34 52 42.5141	139 7 27.7139	21.117	39.8308	60.948

緯度及び経度は成果表の値、楕円体高は標高にジオイド高を加えた値を使用する。

新 点 の 座 標 近 似 値

点番号	点名称	緯度近似値 °　′　″	経度近似値 °　′　″	標高近似値 m
0001	（　〇〇　）	34 57 20.1320	138 59 53.3245	134.338
0002	（　〇〇　）	34 54 23.6930	139 3 16.8245	510.369
301	（　〇〇　）	35 2 50.0804 ✓	138 54 24.8186 ✓	8.333 ✓
302	（　〇〇　）	34 58 2.7869 ✓	139 5 57.4114 ✓	26.505 ✓

基 線 ベ ク ト ル

起点番号	起点名称	終点番号	終点名称	ΔX m	ΔY m	ΔZ m
0001	(〇〇)	301	(〇〇)	9946.726 ✓	2384.419 ✓	8256.826 ✓
0002	(〇〇)	302	(〇〇)	552.071 ✓	−5872.415 ✓	5257.887 ✓
0002	(〇〇)	0001	(〇〇)	5970.137 ✓	1655.931 ✓	4242.645 ✓
302	(〇〇)	301	(〇〇)	15364.768 ✓	9912.772 ✓	7241.598 ✓
302	(〇〇)	303	(〇〇)	−5768.423 ✓	1962.913 ✓	−8095.636 ✓
303	(〇〇)	0002	(〇〇)	5216.353 ✓	3909.501 ✓	2837.745 ✓

分散・共分散行列

起点番号 終点番号		起点名称 終点名称			ΔX	ΔY	ΔZ
0001	(	○○	)	ΔX	.1127E-003		
301	(	○○	)	ΔY	-.9482E-004	.8674E-004	
				ΔZ	-.9695E-004	.8410E-004	.9218E-004
0002	(	○○	)	ΔX	.5054E-004		
302	(	○○	)	ΔY	-.4233E-004	.3884E-004	
				ΔZ	-.4408E-004	.3844E-004	.4311E-004
0002	(	○○	)	ΔX	.7627E-004		
0001	(	○○	)	ΔY	-.6422E-004	.5905E-004	
				ΔZ	-.6667E-004	.5846E-004	.6517E-004
302	(	○○	)	ΔX	.1627E-003		
301	(	○○	)	ΔY	-.1387E-003	.1276E-003	
				ΔZ	-.1415E-003	.1241E-003	.1349E-003
302	(	○○	)	ΔX	.5874E-004		
303	(	○○	)	ΔY	-.4845E-004	.4401E-004	
				ΔZ	-.5059E-004	.4306E-004	.4862E-004
303	(	○○	)	ΔX	.5091E-004		
0002	(	○○	)	ΔY	-.4261E-004	.3891E-004	
				ΔZ	-.4422E-004	.3850E-004	.4292E-004

基線ベクトルの平均値

起点番号	起点名称	終点番号	終点名称		観測値	平均値	残差
					m	m	m
0001	（　○○　）	301	（　○○　）	ΔX	9946.726	9946.7186	−0.0074 ✓
				ΔY	2384.419	2384.4213	0.0023 ✓
				ΔZ	8256.826	8256.8308	0.0048 ✓
0002	（　○○　）	302	（　○○　）	ΔX	552.071	552.0730	0.0020 ✓
				ΔY	−5872.415	−5872.4153	−0.0003 ✓
				ΔZ	5257.887	5257.8869	−0.0001 ✓
0002	（　○○　）	0001	（　○○　）	ΔX	5970.137	5970.1320	−0.0050 ✓
				ΔY	1655.931	1655.9324	0.0014 ✓
				ΔZ	4242.645	4242.6479	0.0029 ✓
302	（　○○　）	301	（　○○　）	ΔX	15364.768	15364.7776	0.0096 ✓
				ΔY	9912.772	9912.7690	−0.0030 ✓
				ΔZ	7241.598	7241.5918	−0.0062 ✓
302	（　○○　）	303	（　○○　）	ΔX	−5768.423	−5768.4245	−0.0017 ✓
				ΔY	1962.913	1962.9136	0.0006 ✓
				ΔZ	−8095.636	−8095.6337	0.0023 ✓
303	（　○○　）	0002	（　○○　）	ΔX	5216.353	5216.3516	−0.0014 ✓
				ΔY	3909.501	3909.5017	0.0007 ✓
				ΔZ	2837.745	2837.7469	0.0019 ✓

基線ベクトルの各成分の残差
許容範囲　20㎜

座 標 の 計 算 結 果

点番号	点名称		座標近似値 ° ′ ″	補正量 ″	座標最確値 ° ′ ″	標準偏差 m
0001	（ ○○ ）	B=	34 57 20.1320	0.0000	34 57 20.1320	0.0027
		L=	138 59 53.3245	0.0001	138 59 53.3246	0.0023
		楕円体高=	174.795 m	0.0088 m	174.8038 m	0.0191
		ジオイド高=	40.457 m		40.4570 m	
		標高=	134.338 m		134.347 m	
0002	（ ○○ ）	B=	34 54 23.6930	0.0000	34 54 23.6930	0.0017
		L=	139 3 16.8245	0.0000	139 3 16.8245	0.0014
		楕円体高=	550.758 m	0.0024 m	550.7604 m	0.0118
		ジオイド高=	40.389 m		40.3889 m	
		標高=	510.369 m		510.371 m	
301	（ ○○ ）	B=	35 2 50.0804	0.0005	35 2 50.0809	0.0030
		L=	138 54 24.8186	0.0037	138 54 24.8223	0.0026
		楕円体高=	48.791 m	−0.0229 m	48.7681 m	0.0217
		ジオイド高=	40.458 m		40.4579 m	
		標高=	8.333 m		8.310 m	
302	（ ○○ ）	B=	34 58 2.7869	0.0026	34 58 2.7895	0.0018
		L=	139 5 57.4114	0.0023	139 5 57.4137	0.0015
		楕円体高=	66.414 m	−0.0058 m	66.4082 m	0.0121
		ジオイド高=	39.909 m		39.9086 m	
		標高=	26.505 m		26.500 m	
303	（○○ ）	B=	34 52 42.5141	0.0000	34 52 42.5141	0.0000
		L=	139 7 27.7139	0.0000	139 7 27.7139	0.0000
		楕円体高=	60.948 m	0.0000 m	60.9478 m	0.0000
		ジオイド高=	39.831 m		39.8308 m	
		標高=	21.117 m		21.117 m	

楕円体の閉合差
許容範囲$15\sqrt{S}$ （S：路線長km単位）

（世 界 測 地 系）

仮定三次元網平均計算結果から求めた楕円体高の閉合差

固定点：303　○○

点番号	点　名	楕円体高 成果値(m)	楕円体高 計算結果(m)	閉合差(m)	路線長(km)	許容範囲
301	○○	48.791	48.768	−0.023	27.764	0.079
302	○○	66.414	66.408	−0.006	10.132	0.047

ロ. 平均計算

a. 三次元網平均計算

（世 界 測 地 系）

三 次 元 網 平 均 計 算

（ 観 測 方 程 式 ）

地区名 ＝ ○○○○

本 計 算 に お け る 楕 円 体 原 子

長半径 ＝ 6378137m

扁平率 ＝ 1/ 298.257222101

単位重量当たりの標準偏差 ＝ .2869345064E+01

分散・共分散値 ＝ 基線解析結果

スケール補正量 ＝ .0000000000E+00

B0 ＝ 34° 57′ 51. 79″ L0 ＝ 139° 2′ 36. 65″ における

水平面内の回転 ＝ 0.000″

ξ ＝ 0.000″ η ＝ 0.000″

計算条件 ＝実用網（ ジオイド補正あり、鉛直線偏差推定なし、回転推定なし、スケール推定なし）

（日本のジオイド○○○○(gsigeome○○○○,ver○.○)）

（セミ・ダイナミック補正なし）

ジオイド・モデルは、最新のものを使用する。

計算日 ○○○○年 ○○月 ○○日

検定番号（日本測量協会）No. ××－002 ○○○○年○○月○○日

会社名 ○○○○株式会社

プログラム管理者 ○○株式会社 ○○ ○○

既 知 点 の 座 標

点番号	点名称	緯度 ° ′ ″	経度 ° ′ ″	標高 m	ジオイド高 m	楕円体高 m
301	(○○)	35 2 50.0804	138 54 24.8186	8.333	40.4579	48.791
302	(○○)	34 58 2.7869	139 5 57.4114	26.505	39.9086	66.414
303	(○○)	34 52 42.5141	139 7 27.7139	21.117	39.8308	60.948

緯度及び経度は成果表の値、楕円体高は標高にジオイド高を加えた値を使用する。

新 点 の 座 標 近 似 値

点番号	点名称	緯度近似値	経度近似値	標高近似値
		° ′ ″	° ′ ″	m
0001	（ ○○ ）	34 57 20.1320	138 59 53.3245	134.338
0002	（ ○○ ）	34 54 23.6930	139 3 16.8245	510.369

基 線 ベ ク ト ル

起点番号	起点名称	終点番号	終点名称	ΔX	ΔY	ΔZ
				m	m	m
0001	(○○)	301	(○○)	9946.726 ✓	2384.419 ✓	8256.826 ✓
0002	(○○)	302	(○○)	552.071 ✓	−5872.415 ✓	5257.887 ✓
0002	(○○)	0001	(○○)	5970.137 ✓	1655.931 ✓	4242.645 ✓
303	(○○)	0002	(○○)	5216.353 ✓	3909.501 ✓	2837.745 ✓

基線ベクトルは平均図に基づき入力漏れ又は重複基線がないか点検する。

分散・共分散行列

起点番号 終点番号	起点名称 終点名称		ΔX	ΔY	ΔZ
0001	(○○)	ΔX	.1127E-003		
301	(○○)	ΔY	-.9482E-004	.8674E-004	
		ΔZ	-.9695E-004	.8410E-004	.9218E-004
0002	(○○)	ΔX	.5054E-004		
302	(○○)	ΔY	-.4233E-004	.3884E-004	
		ΔZ	-.4408E-004	.3844E-004	.4311E-004
0002	(○○)	ΔX	.7627E-004		
0001	(○○)	ΔY	-.6422E-004	.5905E-004	
		ΔZ	-.6667E-004	.5846E-004	.6517E-004
303	(○○)	ΔX	.5091E-004		
0002	(○○)	ΔY	-.4261E-004	.3891E-004	
		ΔZ	-.4422E-004	.3850E-004	.4292E-004

この分散・共分散行列は、三次元網平均計算の重量（逆行列）を計算するための入力データである。

- 基線解析により求められた分散・共分散行列の値を入力データとする場合は、全ての基線において、GNSS測量観測記簿のDX、DY、DZ（ΔX、ΔY、ΔZ）から転記した値を点検する必要がある。

基 線 ベ ク ト ル の 平 均 値

起点番号	起点名称	終点番号	終点名称		観測値	平均値	残差
					m	m	m
0001	（ ○○ ）	301	（ ○○ ）	ΔX	9946.726	9946.7414	0.0154
				ΔY	2384.419	2384.4452	0.0262
				ΔZ	8256.826	8256.8420	0.0160
0002	（ ○○ ）	302	（ ○○ ）	ΔX	552.071	552.0686	−0.0024
				ΔY	−5872.415	−5872.3827	0.0323
				ΔZ	5257.887	5257.8499	−0.0371
0002	（ ○○ ）	0001	（ ○○ ）	ΔX	5970.137	5970.1452	0.0082
				ΔY	1655.931	1655.9530	0.0220
				ΔZ	4242.645	4242.6624	0.0174
303	（ ○○ ）	0002	（ ○○ ）	ΔX	5216.353	5216.3561	0.0031
				ΔY	3909.501	3909.5462	0.0452
				ΔZ	2837.745	2837.7209	−0.0241

座 標 の 計 算 結 果

点番号	点名称		座標近似値	補正量	座標最確値	標準偏差
			° ′ ″	″	° ′ ″	m
0001	(○○)	B=	34 57 20.1320	−0.0008	34 57 20.1311	0.0343
		L=	138 59 53.3245	−0.0023	138 59 53.3222	0.0291
		楕円体高=	174.795 m	0.0265 m	174.8215 m	0.0512
		ジオイド高=	40.457 m		40.457 m	
		標高=	134.338 m		134.364 m	MS= 0.0045
0002	(○○)	B=	34 54 23.6930	−0.0011	34 54 23.6919	0.0226
		L=	139 3 16.8245	−0.0014	139 3 16.8230	0.0191
		楕円体高=	550.758 m	0.0087 m	550.7667 m	0.0464
		ジオイド高=	40.389 m		40.3889 m	
		標高=	510.369 m		510.378 m	MS= 0.0296
301	(○○)	B=	35 2 50.0804	0.0000	35 2 50.0804	0.0000
		L=	138 54 24.8186	0.0000	138 54 24.8186	0.0000
		楕円体高=	48.791 m	0.0000 m	48.7909 m	0.0000
		ジオイド高=	40.458 m		40.4579 m	
		標高=	8.333 m		8.333 m	MS= 0.0000
302	(○○)	B=	34 58 2.7869	0.0000	34 58 2.7869	0.0000
		L=	139 5 57.4114	0.0000	139 5 57.4114	0.0000
		楕円体高=	66.414 m	0.0000 m	66.4136 m	0.0000
		ジオイド高=	39.909 m		39.9086 m	
		標高=	26.505 m		26.505 m	MS= 0.0000
303	(○○)	B=	34 52 42.5141	0.0000	34 52 42.5141	0.0000
		L=	139 7 27.7139	0.0000	139 7 27.7139	0.0000
		楕円体高=	60.948 m	0.0000 m	60.9478 m	0.0000
		ジオイド高=	39.831 m		39.8308 m	
		標高=	21.117 m		21.117 m	MS= 0.0000

「新点の楕円体高の標準偏差」
の確認の必要なし。

b. 斜距離の残差の計算

（世界測地系）

斜距離の残差

自	至	斜距離(観測値)		平均値	斜距離（平均値）	差	ｾｯｼｮﾝ
303 ○○	0002 ○○	7109.665	X	5216.356	7109.682	0.017	319A
			Y	3909.546			
			Z	2837.721			
0002 ○○	0001 ○○	7508.973	X	5970.145	7508.994	0.021	319A
			Y	1655.953			
			Z	4242.662			
0002 ○○	302 ○○	7901.608	X	552.069	7901.560	−0.048	319A
			Y	−5872.383			
			Z	5257.850			
0001 ○○	301 ○○	13145.265	X	9946.741	13145.291	0.026	319A
			Y	2384.445			
			Z	8256.842			

斜距離の残差　許容範囲　80㎜

（6）成　果　表

令和○○年度

3級水準測量

○○地区

成　　果　　表

成　　果　　表
成果数値データファイル
水準点座標一覧

計画機関　○○○○

作業機関　○○○○株式会社

成果表の作成要領

成果表は、新点について次のとおり作成し、綴る順序は選点番号順とする。

① 平均計算から成果表に出力されるものは、次のとおりとする。
標高はメートル以下３位。

② 成果表には「３級水準点成果表」と記入し、その他、次の事項を記入する。

イ．（測地成果２０１１）、ジオイド・モデル名及びバージョン、調整年月日を記入する。

ロ．当該基準点の等級及び番号

ハ．標高の右隣に「（ＧＮＳＳ水準測量による）」を記入する。

ニ．埋標形式欄は、該当する埋標形式以外は線で見え消し又は削除する。

ホ．標識番号欄は、該当する標識以外は線で見え消し又は削除する。また、同欄には標識に刻字されている番号を記入する。番号が刻字されていない場合は――を入れる。

③ 下欄の余白には、次の事項を記入する。

イ．使用した既知点名称及び点番号

ロ．その他、測量法第36条の規定に基づき提出した公共測量実施計画書に対する助言文書に記入を指示されている事項を記入する。

④ 成果数値は点検する。

イ. 成 果 表

（測地成果2011）
ｼﾞｵｲﾄﾞ・ﾓﾃﾞﾙ：日本のｼﾞｵｲﾄﾞ0000Ver.0.0
調製　令和〇〇年〇〇月〇〇日

3級水準点成果表

（AREA＝　　）

水準点番号　〇〇〇

B　°　′　.　″　　X　m
L　°　′　.　″　　Y
N　°　′　.　″　　H　134.364 m（GNSS水準による）

柱石長
縮尺係数

視準点の名称	平均方向角	距離	備考
	°　′　″	m	

GNSS測量機による水準測量に使用した既知点を記入する。

標識に刻印されている番号を記入

埋標形式	地上	~~地下~~	~~屋上~~	標識番号	~~標石~~ 金属標	〇〇

使用した既知点
　電子基準点　〇〇〇、〇〇〇、〇〇

国土地理院の助言文に基づき記入する。

「この測量成果は、国土地理院長の承認を得て同院所管の測量成果を使用して得たものである
（承認番号）令〇〇　〇公第〇〇号」

（計画機関名：〇〇県△△市）

計画機関の指示があった場合は記載する。

3級水準点成果表

（測地成果2011）

調製　令和〇〇年〇月〇〇日

地区	水準点番号	結果	備考
〇〇地区	〇 〇	m 134.364 ✓	GNSS水準測量による
	使用した既知点 電子基準点 〇〇、〇〇、〇〇　✓		

平均成果表の様式については、計画機関の指示による。

「この測量成果は、国土地理院長の承認及び助言を得て同院所管の測量標及び測量成果を使用して得たものである（承認番号）　令〇〇　〇公　第〇〇号」　✓

ロ. 成果数値データファイル

1. 成果数値データファイルには、新点のデータのみを記入し、既知点のデータは記入しない。
2. 記述内容には、基準点のみ適用と水準点のみ適用があることに注意して記入する。
3. 作業規程の準則の様式と測量成果電子納品要領（平成 30 年 3 月国土交通省）の付属資料 3 成果表数値フォーマットとは異なっており、どちらの様式を使用するかは計画機関の指示による。

【3級水準点測量成果数値データ出力例】

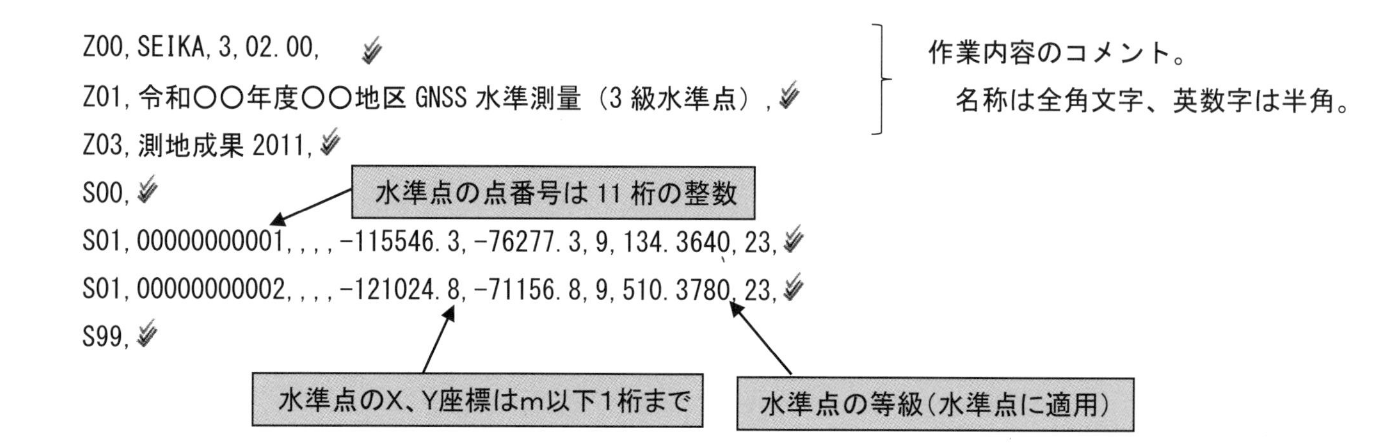

Z00, SEIKA, 3, 02. 00,
Z01, 令和○○年度○○地区 GNSS 水準測量（3 級水準点）,
Z03, 測地成果 2011,
S00,
S01, 00000000001, , , , -115546. 3, -76277. 3, 9, 134. 3640, 23,
S01, 00000000002, , , , -121024. 8, -71156. 8, 9, 510. 3780, 23,
S99,
作業内容のコメント。
名称は全角文字、英数字は半角。
水準点の点番号は 11 桁の整数
水準点のX、Y座標はm以下1桁まで
水準点の等級（水準点に適用）

ハ. 水準点座標一覧

水準点座標一覧

世界測地系（測地成果2011）

水準点番号	X座標	Y座標
○○	−115546.3	−76277.3
○○	−121024.8	−71156.8

座標値は三次元網平均計算結果を記載する。

座標系：○系

令和○○年度

3級水準測量

○○地区

点　　の　　記

計画機関　○○○○

作業機関　○○○○株式会社

3級水準点の記

標識番号	第 ○○ 号	1/20万図名	○ ○ ○
		1/2.5万図名	○ ○ ○
所在地	○○県○○市○○町○○番地先		
		地目	公衆用道路
所有者	○○市		
	管理:○○部○○課		
標識の種類	金属標	埋設法	地上 （保護石４ 個）
選点	令和○○年○○月○○日	選点者	○○ ○○
設置	令和○○年○○月○○日	設置者	○○ ○○
観測	令和○○年○○月○○日	観測者	○○ ○○
旧埋設	—		
周辺の目標	県道○号線 △△橋		
その他			
隣接点との距離	(960688A) 8.7 Km	(○○) 6.2 Km	(○○)
備考	令和○○年○○月○○日 新設（GNSS水準測量）		

要図

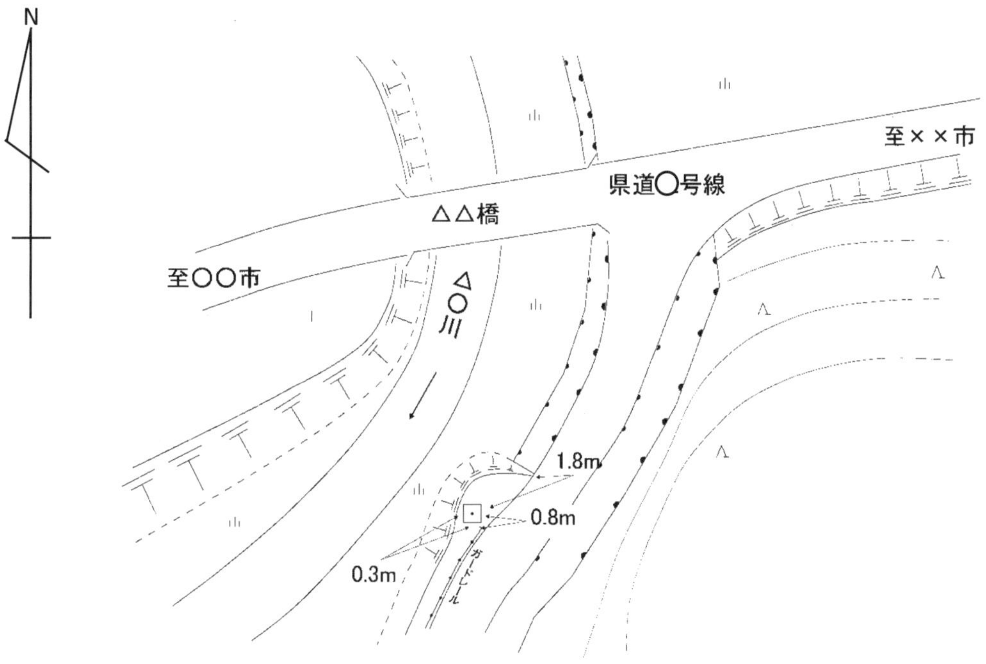

N
至××市
県道○号線
△△橋
至○○市
△○川
1.8m
0.8m
0.3m
ガードレール

（計画機関名：○○県△△市）

計画機関の指示があった場合は記載する。

令和○○年度

3級水準測量

○○地区

精 度 管 理 簿

計画機関　○○○○

作業機関　○○○○株式会社

イ. 精度管理表

a. 既知点の楕円体高の閉合差

GNSS水準測量精度管理表

作業名	令和○○年度○○○○業務	地区名	○○地区	計画機関名	○○市	作業機関名	○○○○株式会社	作業班長	○○ ○○
目 的	○○○○○	期 間	令和 ○.○.○～令和 ○.○.○	作 業 量	3級水準点 ○点	主任技術者	○○ ○○		

主任技術者及び点検者の押印は省略

基線解析辺		前後半の基線ベクトルの較差			仮定三次元網平均 基線ベクトル各成分の残差			三次元網平均計算
測点番号及び測点名		ΔN(m)	ΔE(m)	ΔU(m)	ΔX(m)	ΔY(m)	ΔZ(m)	斜距離の残差(m)
自	至	許容範囲						
		0.020	0.020	0.040				0.080
303 ○○	0002 ○○	−0.005	−0.004	0.030				0.017
0002 ○○	0001 ○○	0.001	0.005	−0.010				0.021
0001 ○○	301 ○○	0.001	−0.002	−0.033				0.026
0002 ○○	302 ○○	0.002	0.006	−0.008				−0.048
302 ○○	301 ○○	0.001	−0.004	0.014				
302 ○○	303 ○○	0.002	−0.003	0.000				

主要機器名称及び番号
GNSS測量機
受信機 ○○○○○○
No.○○○○○○
No.○○○○○○
アンテナ ○○○○○○
No.○○○○○○
No.○○○○○○

既知点の楕円体高の閉合差			
測 点 名		楕円体高	
自	至	閉合差	許容範囲
301 ○○	302 ○○	0.040	0.079
303 ○○	302 ○○	−0.007	0.058

点検測量					
測 点 名		点検値	採用値	較差 ΔX、ΔY、ΔZ	較差 ΔN、ΔE、ΔU
自	至				
0002 ○○	302 ○○	552.054	552.071	−0.017	−0.003
		−5872.397	−5872.415	0.018	−0.002
		5257.900	5257.887	0.013	0.028

永久標識種別等		
種別	数量	埋設法
金属標	2	地上

特 記 事 項

新点位置の標準偏差		
新点名	楕円体高(m)	
	標準偏差	許容範囲

新点位置の標準偏差は省略

b. 仮定三次元網平均計算結果から求めた楕円体高の閉合

ＧＮＳＳ水準測量精度管理表

作業名	令和○年度○○○○業務	地区名	○○地区	計画機関名	○○市	作業機関名	○○○○株式会社	作業班長	○○ ○○
目 的	○○○○○	期 間	令和○.○.○～令和○.○.○	作 業 量	3級水準点 ○点	主任技術者	○○ ○○	主任技術者及び点検者の押印は省略	

基線解析辺		前後半の基線ベクトルの較差			仮定三次元網平均 基線ベクトル各成分の残差			三次元網平均計算
測点番号及び測点名		ΔN(m)	ΔE(m)	ΔU(m)	ΔX(m)	ΔY(m)	ΔZ(m)	斜距離の残差(m)
自	至	許容範囲						
		0.020	0.020	0.040	0.020	0.020	0.020	0.080
303 ○○	0002 ○○	−0.005	−0.004	0.030	−0.001	0.001	0.002	0.017
0002 ○○	0001 ○○	0.001	0.005	−0.010	−0.005	0.001	0.003	0.021
0001 ○○	301 ○○	0.001	−0.002	−0.033	−0.007	0.002	0.005	0.026
0002 ○○	302 ○○	0.002	0.006	−0.008	0.002	0.000	0.000	−0.048
302 ○○	301 ○○	0.001	−0.004	0.014	0.010	−0.003	−0.006	
302 ○○	303 ○○	0.002	−0.003	0.000	−0.002	0.001	0.002	

主要機器名称及び番号
GNSS測量機
受信機 ○○○○○○
No.○○○○○○
No.○○○○○○
アンテナ ○○○○○○
No.○○○○○○
No.○○○○○○

仮定三次元網平均計算による楕円体高の閉合差

測 点 名	楕円体高 閉合差	楕円体高 許容範囲
301 ○○	−0.023	0.079
302 ○○	−0.006	0.047

点検測量

測点名 自	測点名 至	点検値	採用値	較差 ΔX、ΔY、ΔZ	較差 ΔN、ΔE、ΔU
0002 ○○	302 ○○	552.054	552.071	−0.017	−0.003
		−5872.397	−5872.415	0.018	−0.002
		5257.900	5257.887	0.013	0.028

永久標識種別等

種別	数量	埋設法
金属標	2	地上

特 記 事 項

新点位置の標準偏差

新点名	楕円体高(m) 標準偏差	楕円体高(m) 許容範囲

新点位置の標準偏差は省略

ロ. 点検計算結果

令和〇〇年度　3級GNSS水準測量 〇〇地区
点検計算結果（基線ベクトルの較差）

縮尺＝1／〇〇〇,〇〇〇

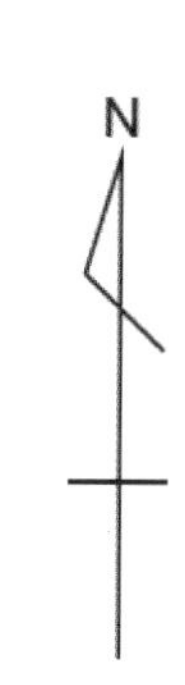

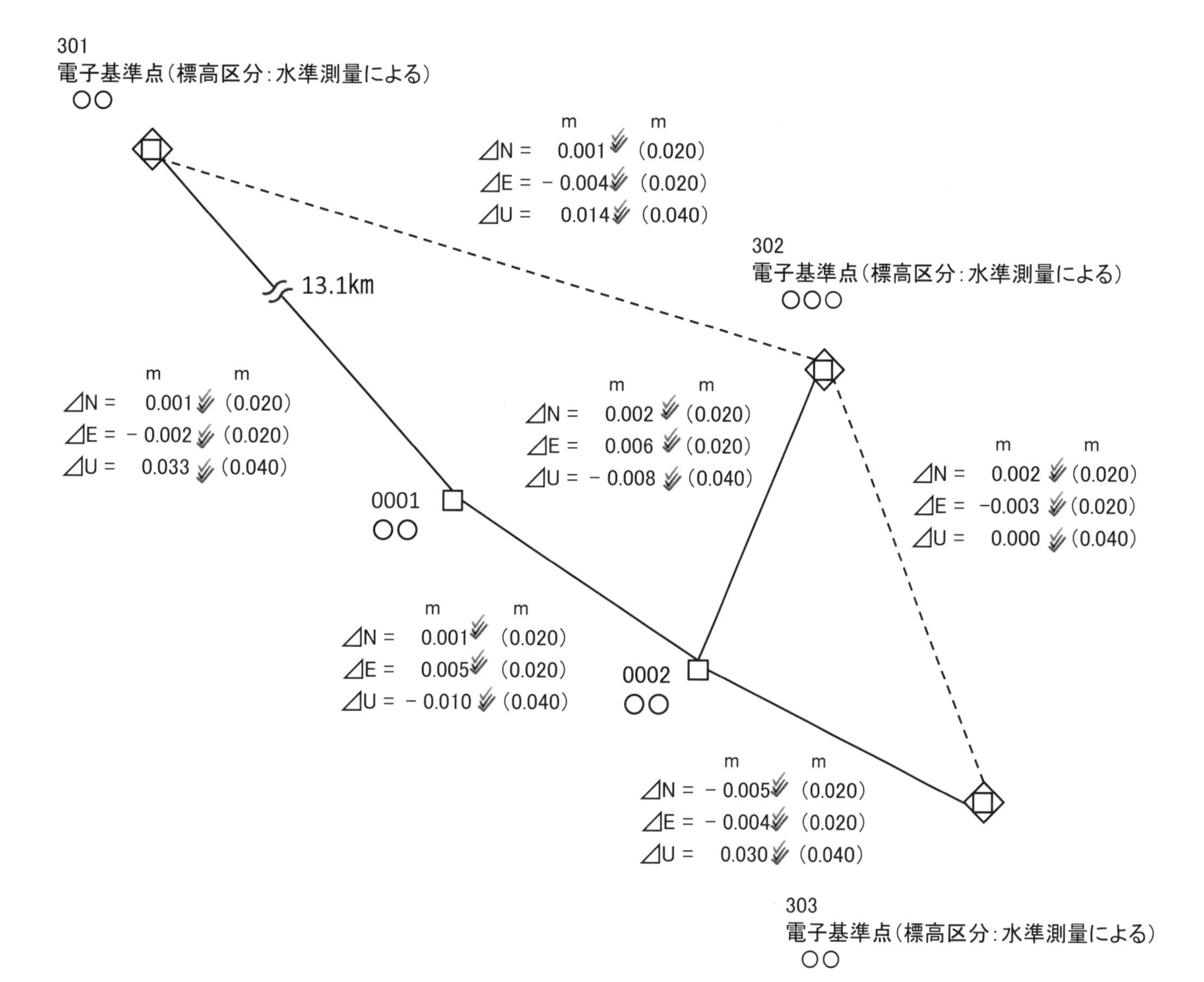

令和〇〇年度　3級GNSS水準測量 〇〇地区
点検計算結果（楕円体高の閉合差）

縮尺＝1／〇〇〇,〇〇〇

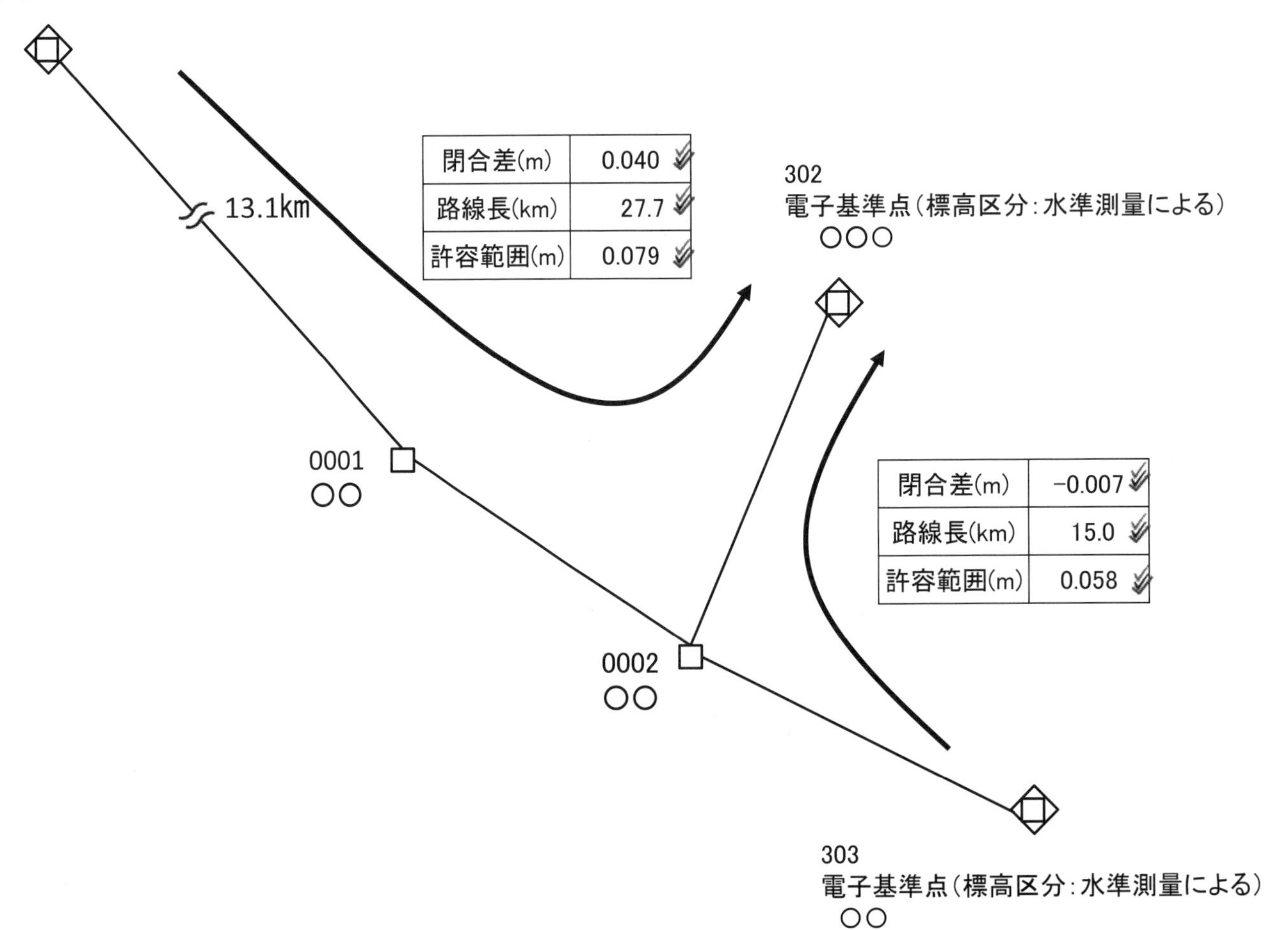

コピーを添付する。

令和○○年度　3級GNSS水準測量
○○地区　平均図

縮尺＝1／○○○,○○○

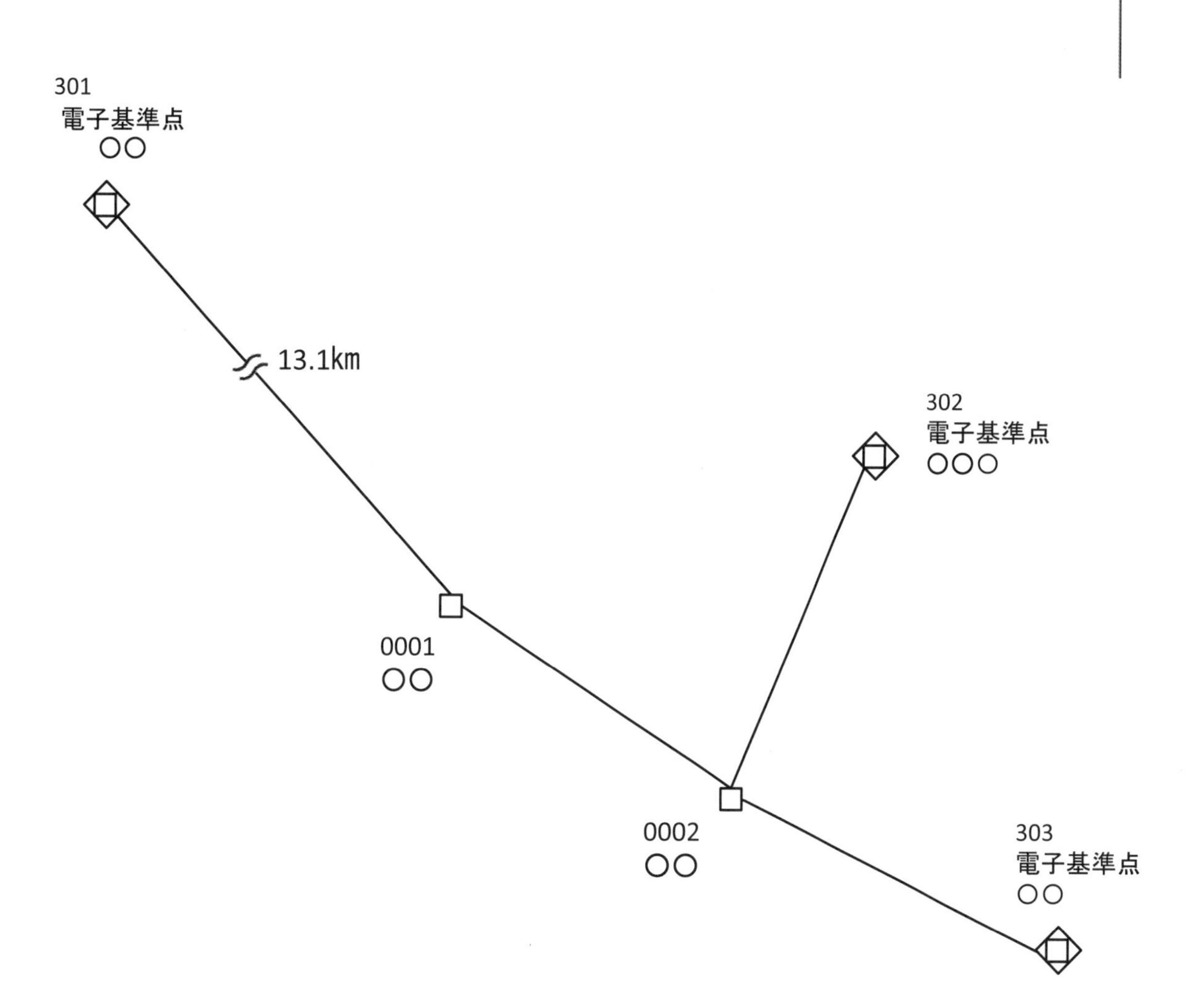

承認する
監督員　○○　○○　印

コピーを添付する。

令和〇〇年度　3級GNSS水準測量
〇〇地区　観測図

縮尺＝1／〇〇〇,〇〇〇

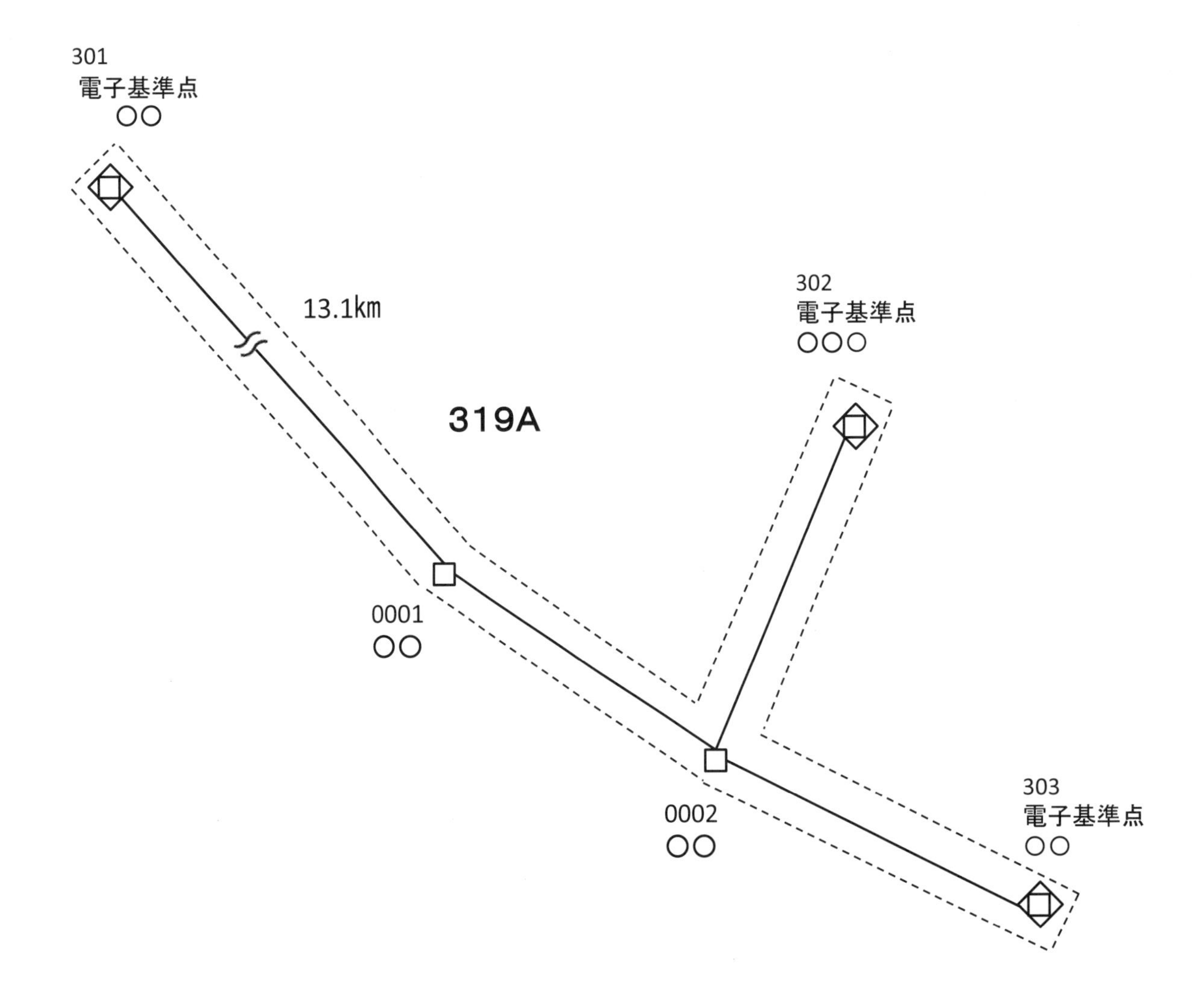

ハ. 品質評価表

品質評価表は、測量成果を製品仕様書のデータ品質の項目に規定する品質を満足しているかを評価し作成する。

【結合路線で点検した場合の例】
品質評価表　総括表

製品名	○○市公共水準点データ		
ライセンス	○○市	作成時期	令和○○年○月○日
作成者	○○市○○部○○課	座標系	平面直角座標系　○系
領域又は地名	○○市	検査実施者	□□測量株式会社　○○○○

番号	データ品質適用範囲	品質要求					品質評価結果（合否）
		完全性	論理一貫性	位置正確度	時間正確度	主題正確度	
1	公共水準点データ	0	0	①点検計算、②三次元平均計算の結果が以下の範囲なら合格 ①点検計算 ・観測データ前後半の基線ベクトルの較差が水平20mm、高さが40mm ・既知点間の楕円体高の閉合差15mm√S ②三次元網平均計算 ・斜距離の残差80mm	―	0	合格

詳細については、国土地理院ホームページを参照すること。
http://psgsv2.gsi.go.jp/koukyou/public/seihinsiyou/seihinsiyou_index.html

品質評価表　個別表

データ品質適用範囲		公共基準点データ		
品質要素		品質要求	品質評価方法	品質評価結果
完全性	過剰	0	(全数検査)公共水準点データ数と観測した公共水準点数を比較し、過剰又は重複取得のデータ数を求める。	0
	漏れ	0	(全数検査)公共水準点データ数と観測した公共水準点数を比較し、取得漏れのデータ数を求める。	0
論　理 一貫性	書式一貫性	0	(全数検査)公共水準点データのうち、規定されたデータ型に適合しない箇所を数える。	0
	概念一貫性	0	(全数検査)公共水準点データのうち、規定されたデータ型に適合しない箇所を数える。	0
	定義域一貫性	0	(全数検査)公共水準点データのうち、規定された定義域に適合しない箇所を数える。	0
	位相一貫性	－	－	－
位　置 正確度	絶対正確度 (外部正確度)	－	－	
	相対正確度 (内部正確度)	観測データ前後半の基線ベクトルの較差: 水平(ΔN、ΔE)　20mm以内 高さ(ΔU)　40mm以内 既知点間の楕円体高の閉合差:15mm$\sqrt{S}$以内 三次元網平均計算における斜距離の残差:80mm以内	(全数検査)作業規程に基づいて点検計算及び三次元網平均計算を実施し、結果が許容範囲内か検査する。	観測データ前後半の基線ベクトルの較差: 水平:○mm 高さ:○mm 既知点間の楕円体高の閉合差: ○mm 三次元網平均計算における斜距離の残差: ○mm
	ｸﾞﾘｯﾄﾞﾃﾞｰﾀ 位置正確度	－	－	－
時　間 正確度	時間測定 正確度	－	－	－
	時間一貫性	－	－	
	時間妥当性	－	－	－
主　題 正確度	分類の正しさ	－	－	－
	非定量的属性 の正しさ	0	(全数検査)公共水準点データのうち、規定どおりに属性データが入力されていない箇所を数える。	0
	定量的属性の 正確度	－	－	－

エラー数を記入

最も大きい較差等を記入

（９）メタデータ

令和〇〇年度

３級水準測量

〇〇地区

メ タ デ ー タ

計画機関　〇〇〇〇

作業機関　〇〇〇〇株式会社

・ メタデータは、製品仕様書に基づき作成する。

・ このメタデータは、国土地理院提供のメタデータエディタにより作成し、記載要領用に,編集したものである。

```xml
<?xml version="1.0" encoding="UTF-8"?>
<MD_Metadata xmlns:jmp20="http://zgate.gsi.go.jp/ch/jmp/"
xmlns="http://zgate.gsi.go.jp/ch/jmp/"
xmlns:xsi="http://www.w3.org/2001/XMLSchema-instance"
xsi:schemaLocation="http://zgate.gsi.go.jp/ch/jmp/
http://zgate.gsi.go.jp/ch/jmp/JMP20.xsd">
  - <identificationInfo>
      - <MD_DataIdentification>
          - <citation>
                <title>○○地区における３級水準測量</title>
              - <date>
                    <date>20○○-○○-○○</date>
                    <dateType>001</dateType>
                </date>
            </citation> n
            <abstract>この業務は、○○県○○市が○○線道路工事に伴い、３級水準点を
○点設置したものである。</abstract>
          - <language>
                <isoCode>jpn</isoCode>
            </language>
            <characterSet>023</characterSet>
            <topicCategory>013</topicCategory>
          - <extent>
              - <geographicElement>
                  - <EX_GeographicBoundingBox>
                      - <extentReferenceSystem>
                            <code>JGD2011 / (B,L)</code>
                        </extentReferenceSystem>
                        <westBoundLongitude>137.0000</westBoundLongitude>
                        <eastBoundLongitude>137.1000</eastBoundLongitude>
                        <southBoundLatitude>35.0000</southBoundLatitude>
                        <northBoundLatitude>35.1000</northBoundLatitude>
                    </EX_GeographicBoundingBox>
                  - <EX_CoordinateBoundingBox>
                      - <extentReferenceSystem>
                            <code>JGD2011 / 9(X,Y)</code>
                        </extentReferenceSystem>
                        <westBoundCoordinate>52000</westBoundCoordinate>
                        <eastBoundCoordinate>53000</eastBoundCoordinate>
                        <southBoundCoordinate>45000</southBoundCoordinate>
                        <northBoundCoordinate>46000</northBoundCoordinate>
```

測量作業の名称

成果品の納品日

測量作業の内容

地理情報ボックスは、測量作業の範囲について経緯度（度単位）、平面直角座標、市町村名の内ひとつを入力する（複数入力可）。

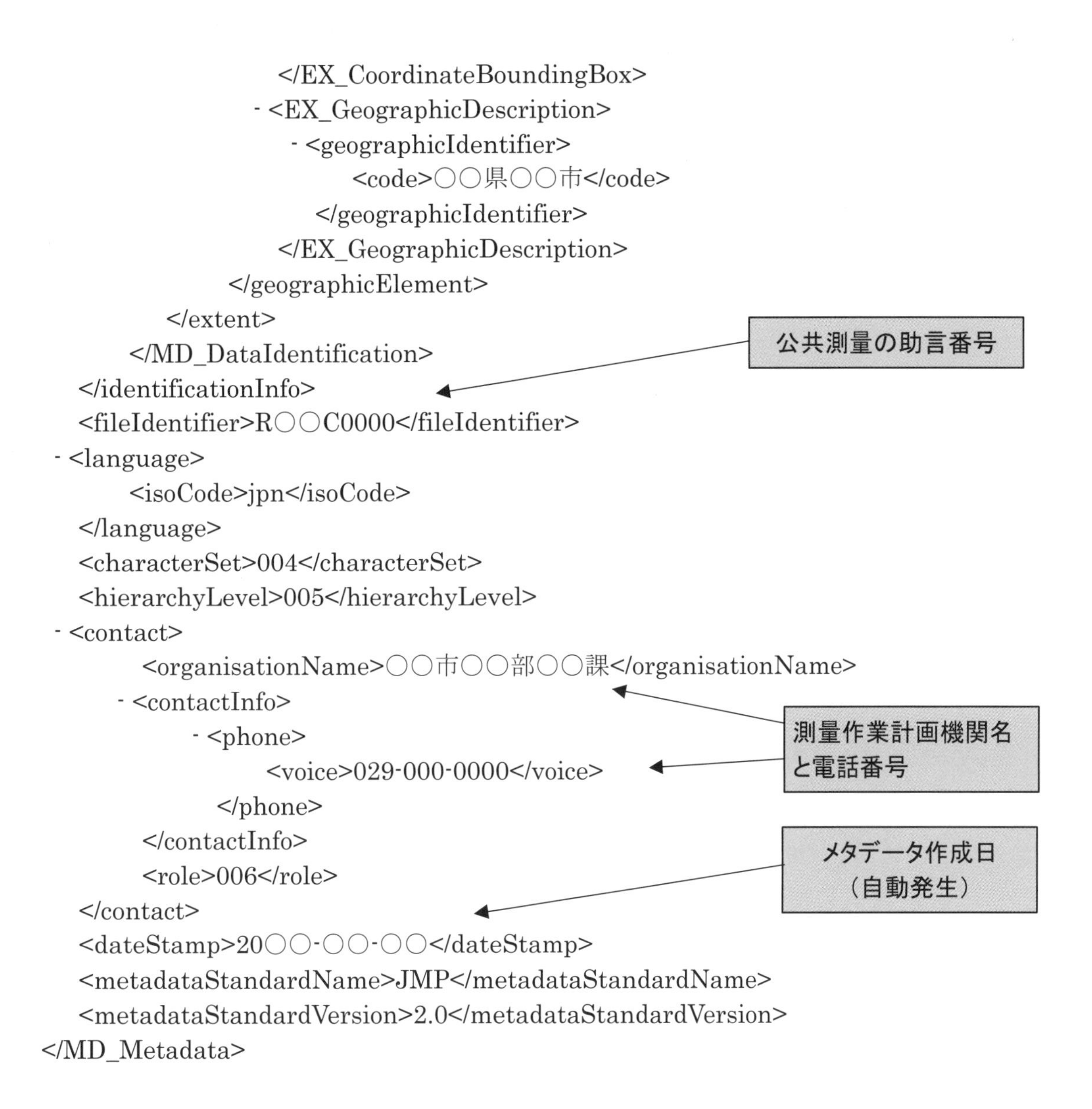

```
                </EX_CoordinateBoundingBox>
              - <EX_GeographicDescription>
                  - <geographicIdentifier>
                        <code>○○県○○市</code>
                    </geographicIdentifier>
                </EX_GeographicDescription>
            </geographicElement>
        </extent>
      </MD_DataIdentification>
   </identificationInfo>
   <fileIdentifier>R○○C0000</fileIdentifier>
 - <language>
      <isoCode>jpn</isoCode>
   </language>
   <characterSet>004</characterSet>
   <hierarchyLevel>005</hierarchyLevel>
 - <contact>
        <organisationName>○○市○○部○○課</organisationName>
      - <contactInfo>
          - <phone>
                <voice>029-000-0000</voice>
            </phone>
        </contactInfo>
        <role>006</role>
   </contact>
   <dateStamp>20○○-○○-○○</dateStamp>
   <metadataStandardName>JMP</metadataStandardName>
   <metadataStandardVersion>2.0</metadataStandardVersion>
</MD_Metadata>
```


メタデータは、データに関するデータをいい、空間データ（測量成果）の所在、内容等を記載したデータをいう。このメタデータは、既存データの検索等で利用される。

メタデータの必須項目は7項目（データの要約、作業名、助言番号、納品日、データ範囲、計画機関名と電話番号）あり、国土地理院が提供している「公共測量用メタデータエディタ」を使用して入力することができる。

（注意）メタデータに入力した内容は全て公表されるので記載内容に注意する。
詳細については、国土地理院ホームページを参照すること。
http://psgsv2.gsi.go.jp/koukyou/public/seihinsiyou/seihinsiyou_meta.html

令和〇〇年度

3級水準測量

〇〇地区

建標承諾書等

建標承諾書
測量標設置位置通知書

計画機関　〇〇〇〇
作業機関　〇〇〇〇株式会社

イ. 建標承諾書

所有者の例

建 標 承 諾 書

令和　○○年　○○月　○○日

計画機関宛

○○○○○○　　殿

所有者　　住所　○○県○○市大字○○△△番地

管理者　　氏名　○○　○○　　　　㊞

	等級	名称	標識番号
水準点	3級	――	○○○

	都道府県	市郡	町村	大字	字	番地	俗称	地目
所在地	○○	○○	――	○○	――	△△	――	宅地

上記　○○　○○　所有　　　地内に　　3級　水 準 点の標識を

設置することを承諾する。

標準様式4-2 建標承諾書以外の様式を採用する場合は計画機関の指示による。
この例は、様式第4-2を採用している。

注　1. この標識は○○○○で設置したもので各種測量の基準となる重要な標識でありますから、動かしたり、破損したり、しないようご注意願います。

2. なお、記載内容は、測量標の利用者が所在地及び所有者を確認するために必要となる測量記録(点の記)に記載されます。

3. 不要の文字は抹消すること。

管理者の例

建　標　承　諾　書

令和　○○年　○○月　○○日

計画機関宛

○○○○○○　　　殿

~~所有者~~　　住所　○○県○○市△△番地

管理者　　氏名　○○　○○　　　　　㊞

	等級	名称	標識番号
水準点	3級	――	○○○

	都道府県	市郡	町村	大字	字	番地	俗称	地目
所在地	○○	○○	――	○○	――	△△	――	公衆用道路

上記　○○　○○　管理　地内に　　　3級　水 準 点の標識を

設置することを承諾する。

注 1. この標識は○○○○で設置したもので各種測量の基準となる重要な標識でありますから、動かしたり、破損したり、しないようご注意願います。

2. なお、記載内容は、測量標の利用者が所在地及び所有者を確認するために必要となる測量記録（点の記）に記載されます。

3. 不要の文字は抹消すること。

ロ. 測量標設置位置通知書

測量標設置位置通知書

市町村別に作成する。

水準点			所在地	地目	標識		設置年月日	備考
級	番号	名称			種類	番号		
3	○○○	—	○○県○○市○○123番地先	公衆用道路	金属標	○○○	令和○年○月○日	

設置年月日は、測量標の設置年月日を記入する。

令和○○年度

3級水準測量

○○地区

作 業 管 理 写 真

計画機関　○○○○
作業機関　○○○○株式会社

測量標の埋設工事写真

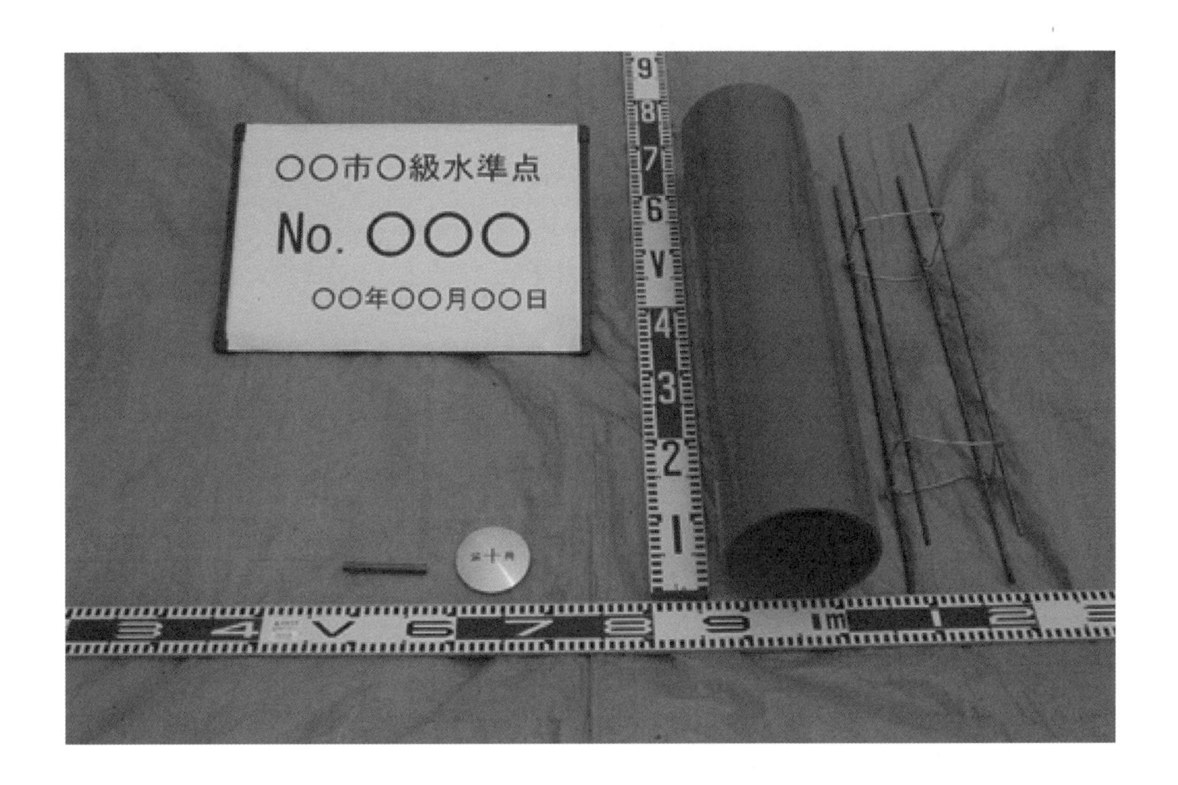

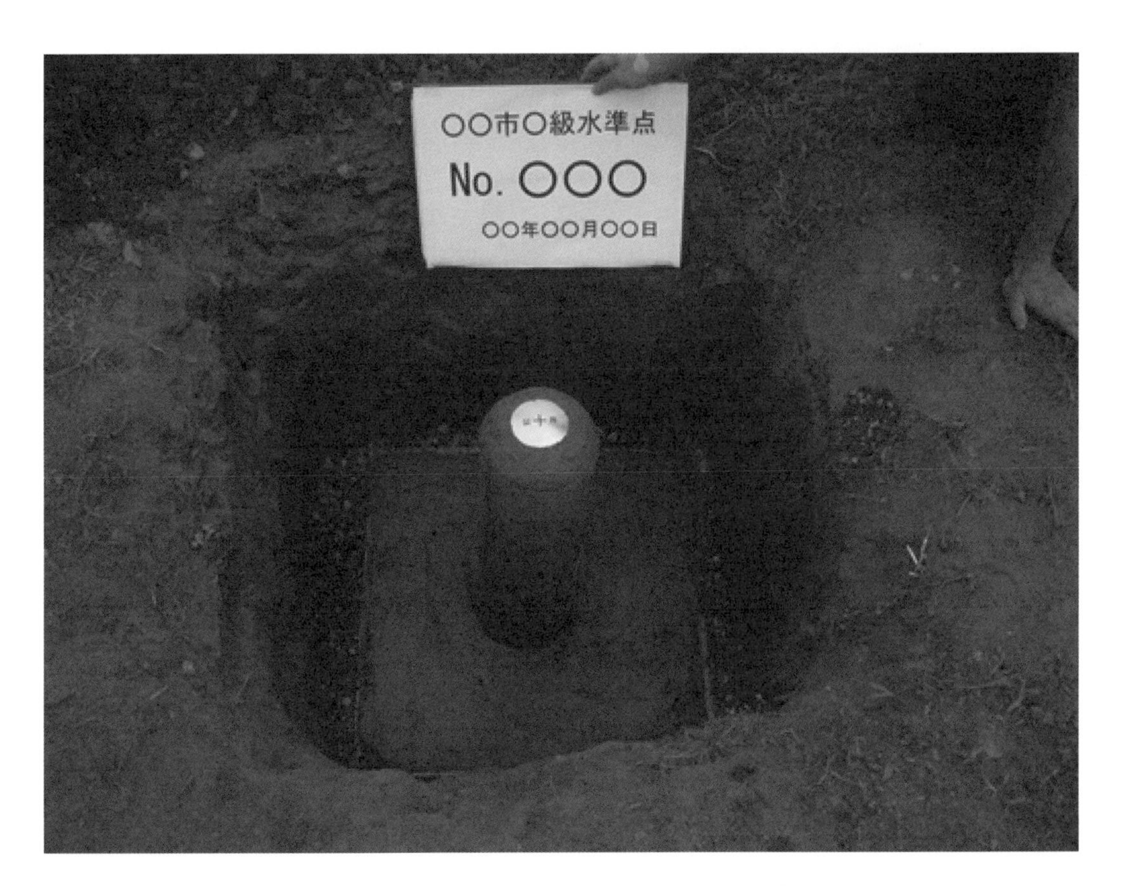

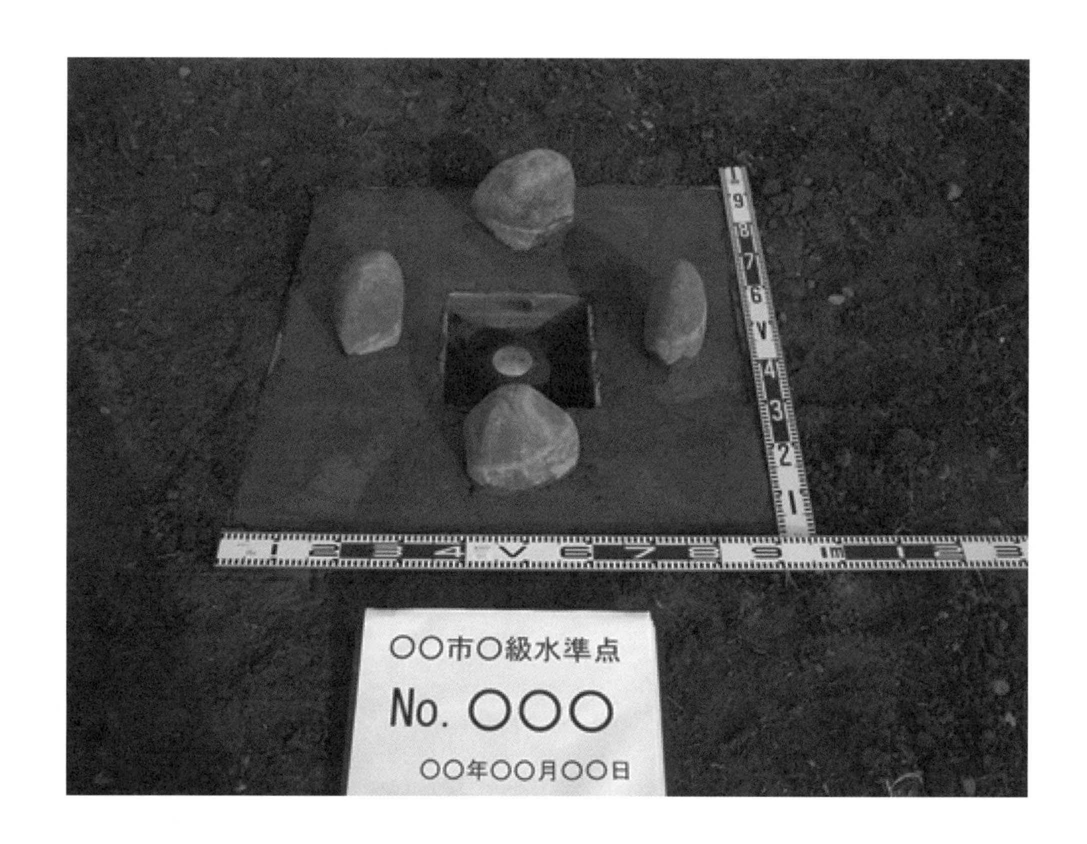
○○市○級水準点
No. ○○○
○○年○○月○○日

○○市○級水準点
No. ○○○
○○年○○月○○日

令和○○年度

3級水準測量

○○地区

参　考　資　料

計画機関　○○○○
作業機関　○○○○株式会社

イ. 観測計画

GNSS測量機を使用した測量では、観測スケジュール表及びGNSS衛星に関する情報を添付する。

令和〇〇年度　〇〇地区

3級水準点測量

観測計画表

観測月日	セッション	観測開始時刻 世界時(UTC) (日本標準時)	観測時間	観測終了時刻 世界時(UTC) (日本標準時)	データ 取得間隔	最低仰角	備考
○月○日	○○○A	0時40分 (9時50分)	5時間10分	5時50分 (14時50分)	30秒	15度	

ロ．ＧＮＳＳ衛星情報

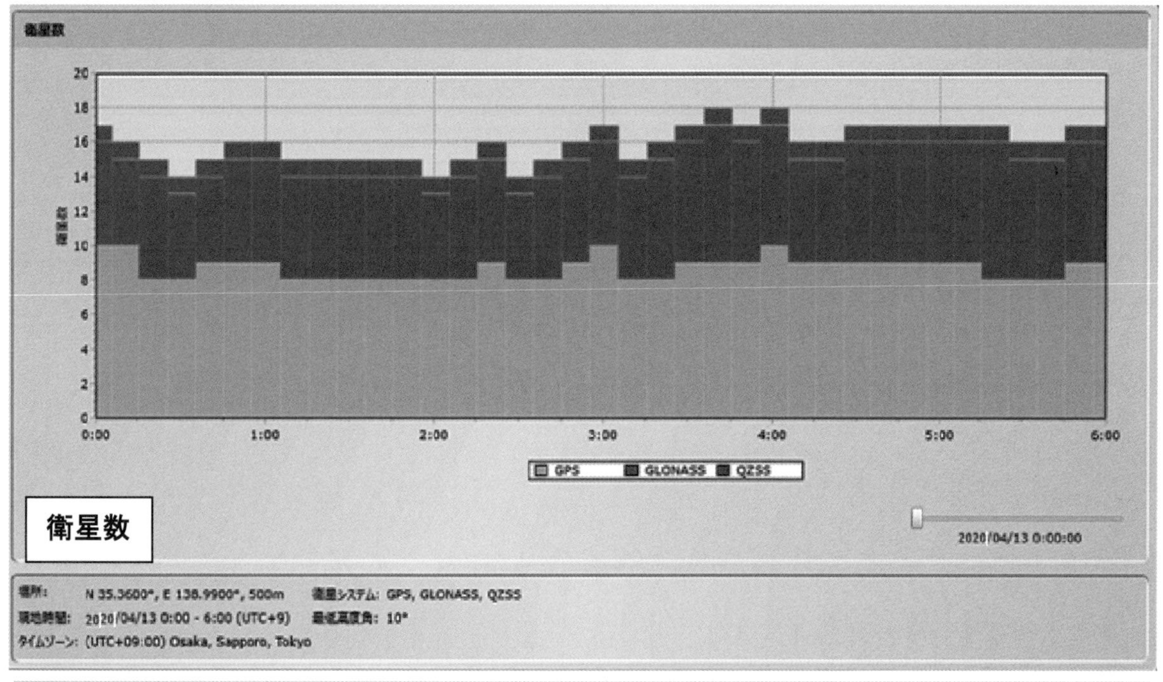
衛星数
GPS
GLONASS
QZSS
衛星数
2020/04/13 0:00:00
場所: N 35.3600°, E 138.9900°, 500m
衛星システム: GPS, GLONASS, QZSS
現地時間: 2020/04/13 0:00 - 6:00 (UTC+9)
最低高度角: 10°
タイムゾーン: (UTC+09:00) Osaka, Sapporo, Tokyo

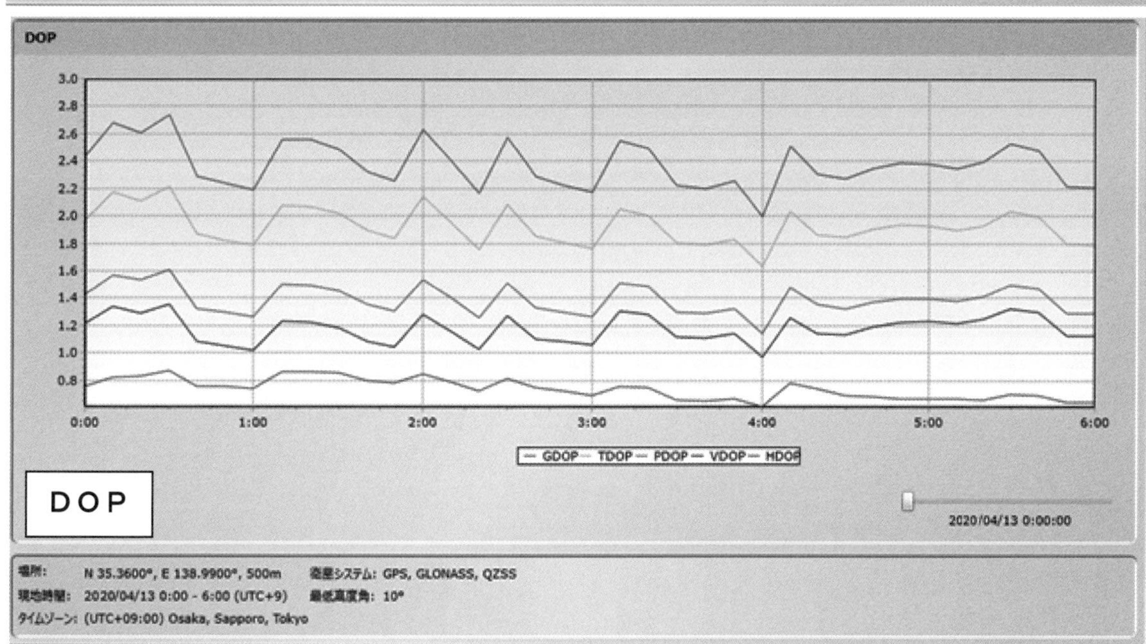
DOP
GDOP
TDOP
PDOP
VDOP
HDOP
ＤＯＰ
2020/04/13 0:00:00
場所: N 35.3600°, E 138.9900°, 500m
衛星システム: GPS, GLONASS, QZSS
現地時間: 2020/04/13 0:00 - 6:00 (UTC+9)
最低高度角: 10°
タイムゾーン: (UTC+09:00) Osaka, Sapporo, Tokyo

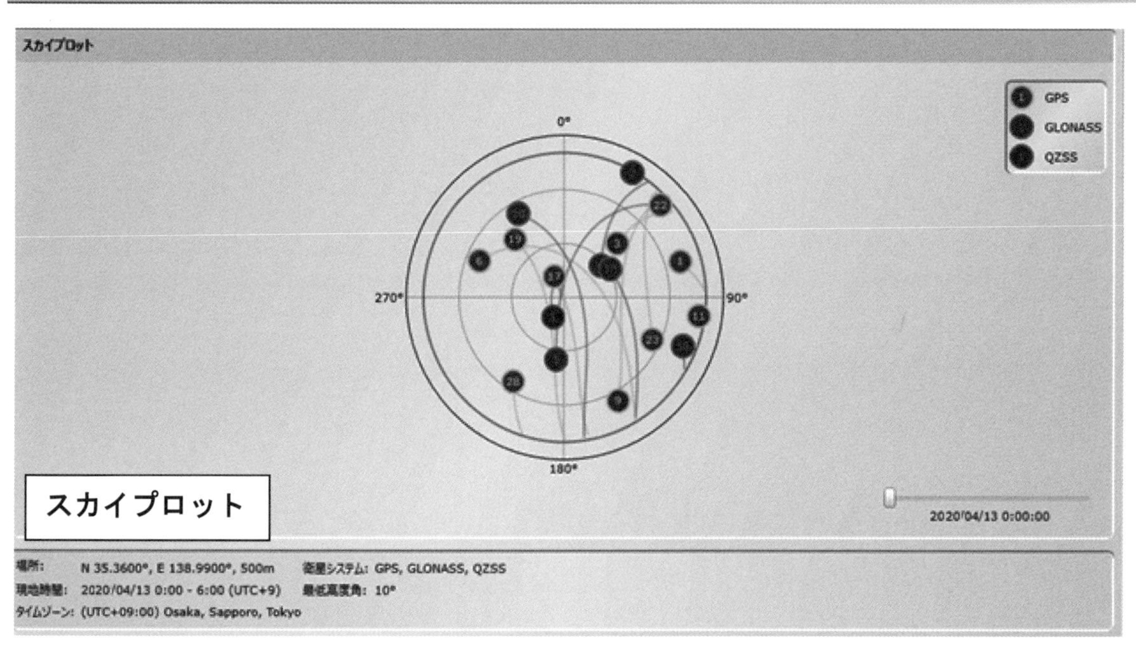
スカイプロット
GPS
GLONASS
QZSS
0°
90°
180°
270°
スカイプロット
2020/04/13 0:00:00
場所: N 35.3600°, E 138.9900°, 500m
衛星システム: GPS, GLONASS, QZSS
現地時間: 2020/04/13 0:00 - 6:00 (UTC+9)
最低高度角: 10°
タイムゾーン: (UTC+09:00) Osaka, Sapporo, Tokyo

第2節　電子基準点及び水準点を使用した水準測量

本節は以下の測量記録の掲載を省略している。各簿冊は本章第１節に準じて作成する。

- 観　測　簿
- 成　果　表
- 点　の　記
- 精度管理簿
- メタデータ
- 建標承諾書等
- 作業管理写真

注記：本内容は、記載要領用に作成したものであり、数値等は実際のソフトウェアの出力と異なる場合がある。

（1）目　次

目　次

等級	番　号	測点名称	頁
諸　資　料　簿			
検定証明書等			
成果検定証明書(正)			
ＧＮＳＳ測量機検定証明書（写）			
ＧＮＳＳ測量機アンテナ定数証明書（写）			
電算プログラム検定証明書等（写）			
既知点成果表、点の記			
平均図			
観測図			
網　図			
観　測　簿			
ＧＮＳＳ測量観測記録簿			
○○○セッション			
○○			○○
○○			○○
○○○セッション(点検測量)			
○○			○○
○○			○○
ＧＮＳＳ測量観測手簿			
○○○セッション			
○○			○○
○○			○○
○○○セッション(点検測量)			
○○			○○
ＧＮＳＳ測量観測記簿			
○○○セッション			
○○～○○			○○
○○～○○			○○
○○○セッション(点検測量)			
○○～○○			○○

等級	番　号	測点名称	頁
計　算　簿			
点検計算			
観測値の点検			○○
楕円体高の閉合差の点検			○○
平均計算			
三次元網平均計算			○○
斜距離の残差の計算			○○
成　果　表			
成　果　表			
成果数値データファイル			
水準点座標一覧			
点　の　記			
点　の　記			
精　度　管　理　簿			
精度管理表			
点検計算結果			
平均図（写）			
観測図（写）			
品質評価表			
メ　タ　デ　ー　タ			
メタデータ			
建標承諾書等			
建標承諾書			
測量標設置位置通知書			
現況調査報告書			
作業管理写真			
測量標の設置写真			
参　考　資　料			
観測計画表			
ＧＮＳＳ衛星情報			
工事設計書等			

網掛けの簿冊の掲載は省略

令和○○年度

３級水準測量

○○地区

諸 資 料 簿

検定証明書・定数証明書（掲載省略）
既知点成果表　　　（掲載省略）
平均図・観測図

掲載を省略した検定証明書等は、本章第１節に準ずる。

計画機関　○○○○

作業機関　○○○○株式会社

平均図及び観測図の作成要領

平均図及び観測図は、次のとおり作成する。

① 計画機関の監督員等から平均図の承認を得た場合には「承認する」の記入と押印を得る。
② 平均図及び観測図の縮尺を記入するものとし、縮尺は任意とする。
③ 平均図及び観測図に中略記号を用いた場合には点間の距離を記入する。
④ 観測図は、平均図に基づきセッション名など必要な情報を記載し作成する。
⑤ 各図上の基準点の記号と大きさ及び注記は、次表を参考に作成する。

基準点の区分	記号	直径又は１辺の大きさ	線の太さ
電子基点（標高区分：水準測量による）		１辺４．５mmの正方形を45°回転	0.3～0.5mm
既知点（水準点）		１辺４mm正方形及び直径.5mmの黒円	〃
新　点（水準点）		１辺３mmの正方形	〃
偏心点		直径１mmの黒円	
偏心距離			

平均図等

電子基準点(標高区分:水準測量による)及び水準点を既知点とした場合の例

令和○○年度　3級GNSS水準測量
○○地区　平均図

縮尺＝1／○○○,○○○

縮尺は任意で良い。

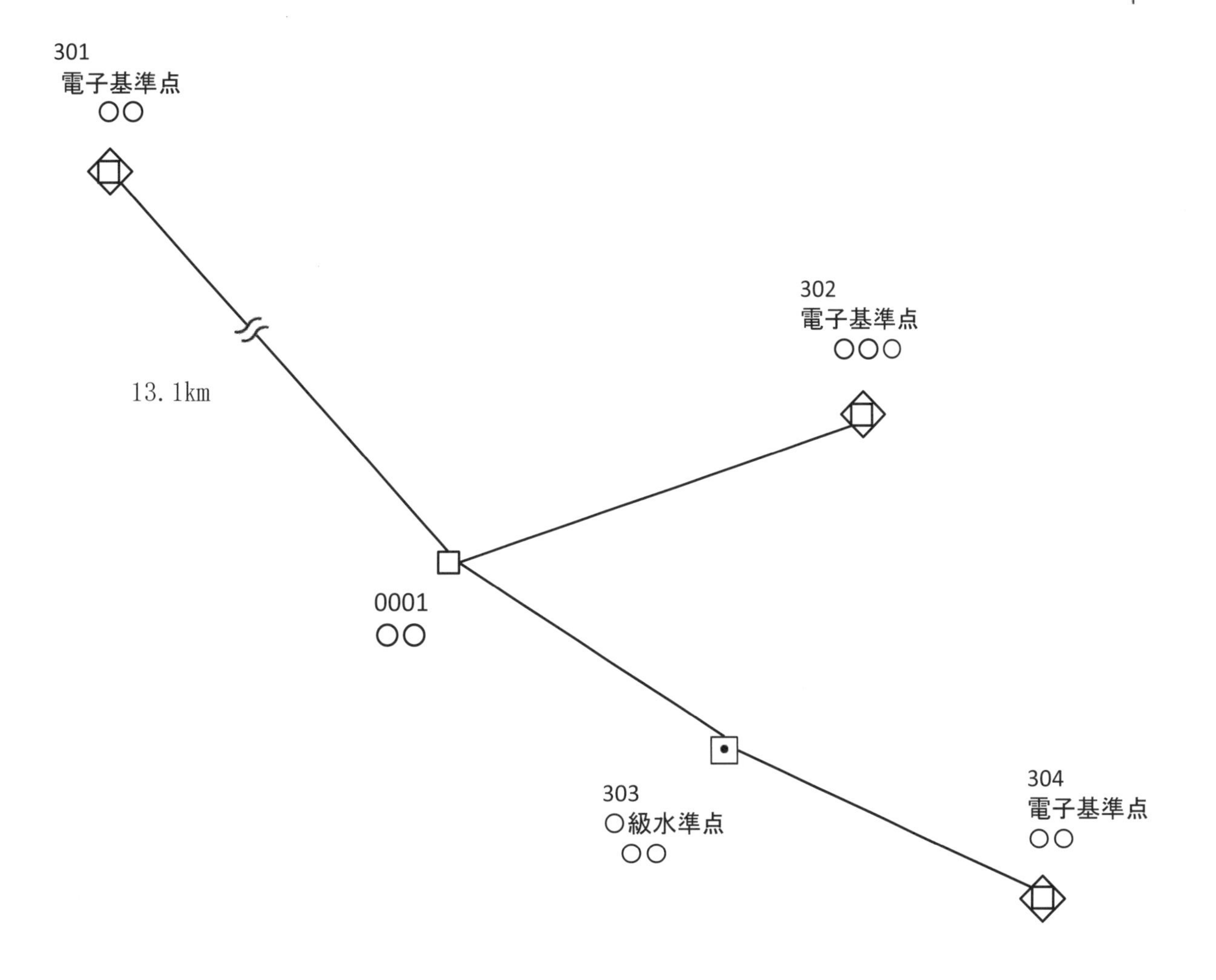

承認する
監督員　○○　○○　印

平均図は、観測前に必ず計画機関の承認を得る。

令和〇〇年度　3級GNSS水準測量
〇〇地区　観測図

縮尺＝1／○○○,○○○

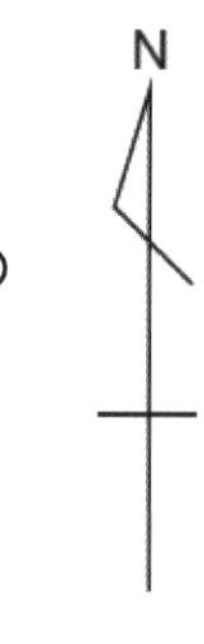

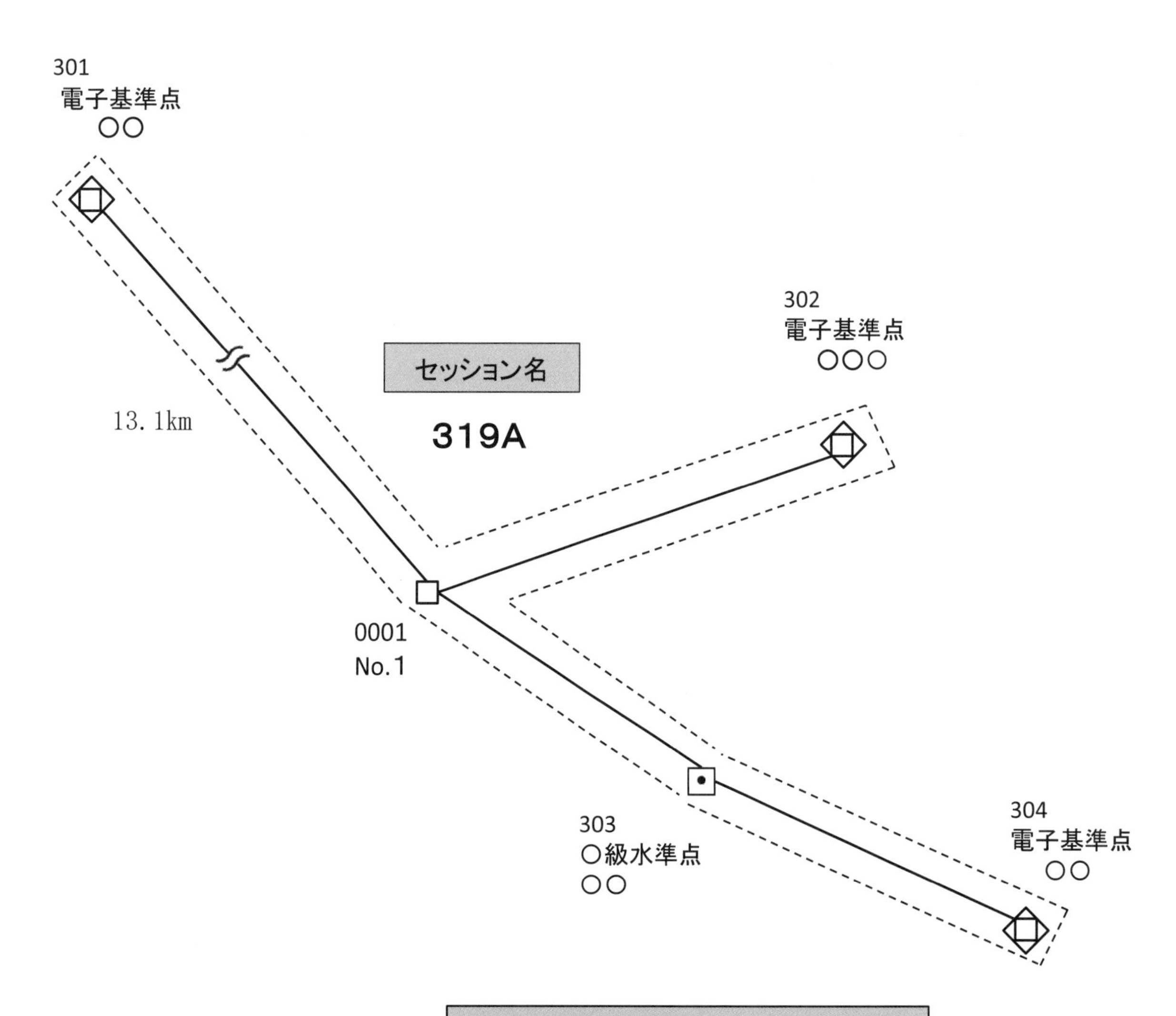

令和○○年度

３級水準測量

○○地区

ＧＮＳＳ測量観測記簿

観測値の点検の掲載は省略。本章第１節に準じ作成する。

計画機関　○○○○

作業機関　○○○○株式会社

（世界測地系）

ＧＮＳＳ測量観測記簿

解析ソフトウェア　：　○○○○○○○○
使用した軌道情報　：　放送暦
使用した楕円体　：　ＧＲＳ８０
使用した周波数　：　GPS & GLONASS L1/L2
基線解析モード　：　Single

> 重量（P）は、分散・共分散行列の逆行列を使用するため基線解析は解析手法（2波）及び解析時間を統一する。

セッション名　：　319A
解析使用データ　開始　：　○○年　11 月　15 日　1 時　00 分　UTC
終了　：　○○年　11 月　15 日　6 時　00 分　UTC
最低高度角　：　15 度
気圧　：　1013 hPa　　温度：　20℃　　湿度：　50%

観測点 1 ：　304　電子基準点　○○

受信機名（No.）　：　○○○○○　（　　）
アンテナ名（No.）　：　○○○○○　（　　）
PCV補正（Ver.）　：　有り　（08/05/07）
アンテナ底面高　＝　0.000 m

起　点　：　入力値
緯　度　＝　34°52′42.51410″
経　度　＝　139° 7′27.71390″
楕円体高　＝　60.948 m

> 起点の緯度・経度・楕円体高は成果表の値（元期座標）を入力。求めた緯度・経度・楕円体高を用いて順次解析を行う。

座標値　Z＝　3626849.932 m

観測点 2 ：　303　○○

受信機名（No.）　：　○○○○○　（○○○○○○○○）
アンテナ名（No.）　：　○○○○○　（○○○○○○○○）
PCV補正（Ver.）　：　有り　（07/09/01）
アンテナ底面高　＝　1.636 m

終　点　：
緯　度　＝　34°54′23.69300″
経　度　＝　139° 3′16.82448″
楕円体高　＝　550.758 m

座標値
座標値

> 水準点の緯度・経度として平均計算及びジオイド高の算出に使用する。

座標値　Z＝　3629687.677 m

解析結果

解の種類：　Fix（L1,L2）　バイアス決定比：100.000

観測点	観測点	DX	DY	DZ	斜距離
1	2	5216.353 m	3909.501 m	2837.745 m	7109.665 m
	標準偏差	7.135E-3	6.238E-3	6.551E-3	1.621E-3

観測点	観測点	方位角	高度角	測地線長	楕円体比高
1	2	296° 5′57.88″	3° 55′ 6.93″	7092.432 m	489.810 m
2	1	116° 3′34.36″	-3° 58′56.24″		

分散・共分散行列

	DX	DY	DZ
DX	5.0908195E-005		
DY	-4.2606807E-005	3.8914637E-005	
DZ	-4.4224700E-005	3.8502214E-005	4.2916341E-005

使用したデータ数　：　6615　棄却したデータ数　：　114　棄却率　：　1.7％
使用したデータ間隔　：　30 秒

（世界測地系）

ＧＮＳＳ測量観測記簿

解析ソフトウェア　：　○○○○○○○○
使用した軌道情報　：　放送暦
使用した楕円体　：　ＧＲＳ８０
使用した周波数　：　GPS & GLONASS L1/L2
基線解析モード　：　Single

セッション名　：　319A
解析使用データ　開始　：　○○年 11 月 15 日　1 時 00 分　UTC
終了　：　○○年 11 月 15 日　6 時 00 分　UTC
最低高度角　：　15 度
気圧　：　1013 hPa　温度：20℃　湿度：　50%

観測点 1 ： 303 ○○		観測点 2 ： 0001 ○○	
受信機名(No.)	：○○○○○ (○○○○○○○○)	受信機名(No.)	：○○○○○ (　　)
アンテナ名(No.)	：○○○○○ (○○○○○○○○)	アンテナ名(No.)	：○○○○○ (　　)
PCV補正(Ver.)	：有り (07/09/01)	PCV補正(Ver.)	：有り (07/09/01)
アンテナ底面高	＝ 1.636 m	アンテナ底面高	＝ 1.631 m
起点	：	終点	：
緯度	＝ 34°54′23.69300″	緯度	＝ 34°57′20.13195″
経度	＝ 139°3′16.82448″	経度	＝ 138°59′53.32449″
楕円体高	＝ 550.758 m	楕円体高	＝ 174.795 m
座標値 X＝	-3955551.850 m	座標値 X＝	-3949581.713 m
座標値 Y＝	3431887.493 m	座標値 Y＝	3433543.423 m
座標値 Z＝	3629687.677 m	座標値 Z＝	3633930.321 m

解析結果

解の種類：Fix (L1,L2)　バイアス決定比：100.000

観測点	観測点	DX	DY	DZ	斜距離
1	2	5970.137 m	1655.931 m	4242.645 m	7508.973 m
	標準偏差	8.733E-3	7.684E-3	8.073E-3	2.009E-3

観測点	観測点	方位角	高度角	測地線長	楕円体比高
1	2	316°29′20.43″	-2°54′13.07″	7499.128 m	-375.963 m
2	1	136°27′23.91″	2°50′10.25″		

分散・共分散行列

	DX	DY	DZ
DX	7.6271899E-005		
DY	-6.4223619E-005	5.9045149E-005	
DZ	-6.6674336E-005	5.8460897E-005	6.5170992E-005

使用したデータ数　：　6430　棄却したデータ数　：　96　棄却率　：　1.5％
使用したデータ間隔　：　30 秒

（世界測地系）

ＧＮＳＳ測量観測記簿

解析ソフトウェア : ○○○○○○○○
使用した軌道情報 : 放送暦
使用した楕円体 : ＧＲＳ８０
使用した周波数 : GPS & GLONASS L1/L2
基線解析モード : Single

セッション名 : 319A
解析使用データ 開始 : ○○年 11 月 15 日 1 時 00 分 UTC
終了 : ○○年 11 月 15 日 6 時 00 分 UTC
最低高度角 : 15 度
気圧 : 1013 hPa 温度: 20℃ 湿度: 50%

観測点 1 : 0001 ○○	観測点 2 : 301 電子基準点 ○○
受信機名(No.) : ○○○○○ (oooooooo)	受信機名(No.) : ○○○○○ ( )
アンテナ名(No.) : ○○○○○ (oooooooo)	アンテナ名(No.) : ○○○○○ ( )
PCV補正(Ver.) : 有り (07/09/01)	PCV補正(Ver.) : 有り (08/05/07)
アンテナ底面高 = 1.631 m	アンテナ底面高 = 0.000 m
起点 :	終点 :
緯度 = 34° 57′ 20.13195″	緯度 = 35° 2′ 50.08091″
経度 = 138° 59′ 53.32449″	経度 = 138° 54′ 24.82211″
楕円体高 = 174.795 m	楕円体高 = 48.751 m
座標値 X= -3949581.713 m	座標値 X= -3939634.987 m
座標値 Y= 3433543.423 m	座標値 Y= 3435927.842 m
座標値 Z= 3633930.321 m	座標値 Z= 3642187.147 m

解析結果

解の種類 : Fix (L1,L2) バイアス決定比 : 100.000

観測点	観測点	DX	DY	DZ	斜距離
1	2	9946.726 m	2384.419 m	8256.826 m	13145.265 m
	標準偏差	1.062E-2	9.313E-3	9.601E-3	2.173E-3

観測点	観測点	方位角	高度角	測地線長	楕円体比高
1	2	320° 42′ 2.41″	-0° 36′ 30.70″	13144.430 m	-126.044 m
2	1	140° 38′ 53.98″	0° 29′ 24.93″		

分散・共分散行列

	DX	DY	DZ
DX	1.1268933E-004		
DY	-9.4815958E-005	8.6737338E-005	
DZ	-9.6949530E-005	8.4099556E-005	9.2183109E-005

使用したデータ数 : 6714 棄却したデータ数 : 39 棄却率 : 0.6 %
使用したデータ間隔 : 30 秒

（世界測地系）

ＧＮＳＳ測量観測記簿

解析ソフトウェア ： ○○○○○○○○
使用した軌道情報 ： 放送暦
使用した楕円体 ： ＧＲＳ８０
使用した周波数 ： GPS & GLONASS L1/L2
基線解析モード ： Single

セッション名 ： 319A
解析使用データ 開始 ： ○○年 11 月 15 日 1 時 00 分 UTC
終了 ： ○○年 11 月 15 日 6 時 00 分 UTC
最低高度角 ： 15 度
気圧 ： 1013 hPa 温度： 20℃ 湿度： 50%

観測点 1 ： 0001 ○○	観測点 2 ： 302 電子基準点 ○○
受信機名(No.) ： ○○○○○ (○○○○○○○○)	受信機名(No.) ： ○○○○○ ( )
アンテナ名(No.) ： ○○○○○ (○○○○○○○○)	アンテナ名(No.) ： ○○○○○ ( )
PCV補正(Ver.) ： 有り (07/09/01)	PCV補正(Ver.) ： 有り (11/05/31)
アンテナ底面高 ＝ 1.631 m	アンテナ底面高 ＝ 0.000 m
起 点 ：	終 点 ：
緯 度 ＝ 34° 57′ 20.13195″	緯 度 ＝ 34° 58′ 2.78945″
経 度 ＝ 138° 59′ 53.32449″	経 度 ＝ 139° 5′ 57.41375″
楕円体高 ＝ 174.795 m	楕円体高 ＝ 66.403 m
座標値 X＝ -3949581.713 m	座標値 X＝ -3954999.777 m
座標値 Y＝ 3433543.423 m	座標値 Y＝ 3426015.076 m
座標値 Z＝ 3633930.321 m	座標値 Z＝ 3634945.561 m

解析結果

解の種類： Fix (L1,L2) バイアス決定比：100.000

観測点	観測点	DX	DY	DZ	斜距離
1	2	-5418.064 m	-7528.348 m	1015.240 m	9330.710 m
	標準偏差	6.879E-3	6.052E-3	6.222E-3	1.411E-3

観測点	観測点	方位角	高度角	測地線長	楕円体比高
1	2	81° 52′ 16.47″	-0° 42′ 26.88″	9329.904 m	-108.392 m
2	1	261° 55′ 45.10″	0° 37′ 25.46″		

分散・共分散行列

	DX	DY	DZ
DX	4.7324596E-005		
DY	-3.9703082E-005	3.6625737E-005	
DZ	-4.0424937E-005	3.5163561E-005	3.8708135E-005

使用したデータ数 ： 7973 棄却したデータ数 ： 27 棄却率 ： 0.3 %
使用したデータ間隔 ： 30 秒

仮定三次元網平均計算による楕円体高の閉合差の点検に使用　（世界測地系）

ＧＮＳＳ測量観測記簿

解析ソフトウェア　：　〇〇〇〇〇〇〇〇
使用した軌道情報　：　放送暦
使用した楕円体　：　ＧＲＳ８０
使用した周波数　：　GPS & GLONASS L1/L2
基線解析モード　：　Single

セッション名　：　319A
解析使用データ　開始　：　〇〇年　11 月　15 日　1 時　00 分　UTC
終了　：　〇〇年　11 月　15 日　6 時　00 分　UTC
最低高度角　：　15 度
気圧　：　1013 hPa　温度:　20℃　湿度:　50%

観測点 1 : 302 電子基準点 〇〇	観測点 2 : 304 電子基準点 〇〇
受信機名(No.) : 〇〇〇〇〇 (　)	受信機名(No.) : 〇〇〇〇〇 (　)
アンテナ名(No.) : 〇〇〇〇〇 (　)	アンテナ名(No.) : 〇〇〇〇〇 (　)
PCV補正(Ver.) : 有り (11/05/31)	PCV補正(Ver.) : 有り (08/05/07)
アンテナ底面高 = 0.000 m	アンテナ底面高 = 0.000 m
起点 :	終点 :
緯度 = 34° 58′ 2.78945″	緯度 = 34° 52′ 42.51400″
経度 = 139° 5′ 57.41375″	経度 = 139° 7′ 27.71394″
楕円体高 = 66.403 m	楕円体高 = 60.940 m
座標値 X = -3954999.777 m	座標値 X = -3960768.200 m
座標値 Y = 3426015.076 m	座標値 Y = 3427977.989 m
座標値 Z = 3634945.561 m	座標値 Z = 3626849.925 m

解析結果
解の種類：Fix (L1,L2)　バイアス決定比：100.000

観測点	観測点	DX	DY	DZ	斜距離
1	2	-5768.423 m	1962.913 m	-8095.636 m	10132.475 m
	標準偏差	7.733E-3	6.692E-3	7.037E-3	1.753E-3

観測点	観測点	方位角	高度角	測地線長	楕円体比高
1	2	166° 55′ 9.39″	-0° 4′ 35.57″	10132.372 m	-5.463 m
2	1	346° 56′ 1.09″	-0° 0′ 53.15″		

分散・共分散行列

	DX	DY	DZ
DX	5.9803642E-005		
DY	-4.9343511E-005	4.4780365E-005	
DZ	-5.1554580E-005	4.3884877E-005	4.9518687E-005

使用したデータ数　：　7734　棄却したデータ数　：　32　棄却率　：　0.4 %
使用したデータ間隔　：　30 秒

令和○○年度

3級水準測量

○○地区

計　　算　　簿

点検計算
　観測値の点検
　楕円体高の閉合差の計算

平均計算
　三次元網平均計算
　斜距離の残差の計算

計画機関　○○○○

作業機関　○○○○株式会社

イ．点検計算

a．観測値の点検

重複する基線ベクトルの較差

計算に使用した既知点：　304 ○○

緯度 ＝　34° 52′ 42.5140″

経度 ＝　139°　7′ 27.7140″

観測値の点検は既知点を含め全ての観測データを点検する。

基線　304 ○○ ～ 303 ○○

	DX	DY	DZ	セッション
点検値	5216.347	3909.508	2837.748	319A-2
採用値	5216.365	3909.487	2837.735	319A-1
較差	ΔX= -0.018	ΔY= 0.021	ΔZ= 0.013	
	ΔN= -0.005	ΔE= -0.004	ΔU= 0.030	
許容範囲	ΔN= 0.020	ΔE= 0.020	ΔU= 0.040	

基線　303 ○○ ～ 0001 ○○

	DX	DY	DZ	セッション
点検値	5970.138	1655.927	4242.642	319A-2
採用値	5970.135	1655.936	4242.647	319A-1
較差	ΔX= 0.003	ΔY= -0.009	ΔZ= -0.005	
	ΔN= 0.001	ΔE= 0.005	ΔU= -0.010	
許容範囲	ΔN= 0.020	ΔE= 0.020	ΔU= 0.040	

基線　302 ○○ ～ 304 ○○

	DX	DY	DZ	セッション
点検値	-5768.422	1962.914	-8095.635	319A-2
採用値	-5768.425	1962.912	-8095.637	319A-1
較差	ΔX= 0.003	ΔY= 0.002	ΔZ= 0.002	
	ΔN= 0.002	ΔE= -0.003	ΔU= 0.000	
許容範囲	ΔN= 0.020	ΔE= 0.020	ΔU= 0.040	

b. 楕円体高の閉合差の点検

楕円体高の閉合差の点検は、既知点間の楕円体高の閉合差又は仮定三次元網平均計算結果から求めた楕円体高の閉合差による。

（世界測地系）

既知点間の楕円体高の閉合差

全ての既知点は1つ以上の点検路線で結合させて点検する。

301 ○○ ～ 302 ○○

自	至	斜距離（m）	楕円体比高(m)	楕円体高（m）	備考
				48.791	測地成果2011
301 ○○	0001 ○○	13145.265	126.044		
				174.835	
0001 ○○	302 ○○	9330.710	−108.392		
				66.443	
				66.414	測地成果2011
路線長		22475.975			
閉合差				0.029	
許容範囲				0.071	

楕円体比高は5時間以上の観測データを使用した基線解析結果。

303 ○○ ～ 302 ○○

自	至	斜距離（m）	楕円体比高(m)	楕円体高（m）	備考
				550.738	測地成果2011
303 ○○	0001 ○○	7508.973	−375.963		
				174.775	
0001 ○○	302 ○○	9330.710	−108.392		
				66.383	
				66.414	測地成果2011
路線長		16839.683			
閉合差				−0.031	
許容範囲				0.061	

303 ○○ ～ 304 ○○

自	至	斜距離（m）	楕円体比高(m)	楕円体高（m）	備考
				550.738	測地成果2011
303 ○○	304 ○○	7109.665	−489.810		
				60.928	
				60.948	測地成果2011
路線長		7109.665			
閉合差				−0.020	
許容範囲				0.039	

仮定三次元網平均計算結果から求めた楕円体高の閉合差

（世 界 測 地 系）

三 次 元 網 平 均 計 算

（ 観 測 方 程 式 ）

地区名 ＝ ○○地区

（世 界 測 地 系）

本 計 算 に お け る 楕 円 体 原 子

長半径 ＝ 6378137m
扁平率 ＝ 1/ 298.257222101

単位重量当たりの標準偏差 ＝ .1416857308E+01

分散・共分散値 ＝ 基線解析結果

スケール補正量 ＝ .0000000000E+00

B0 ＝ 34 ° 52 ′ 42 . 51 ″ L0 ＝ 139 ° 07 ′ 27 . 71 ″ における

水平面内の回転 ＝ 0.000″

ξ ＝ 0.000″ η ＝ 0.000″

計算条件 ＝仮定網（ ジオイド補正なし、鉛直線偏差推定なし、回転推定なし、スケール推定なし）
（日本のジオイド○○○○(gsigeome,ver○.○)）
（セミ・ダイナミック補正なし）

ジオイド・モデルは、最新のものを使用する。

計算日 ○○○○年 ○月○○日

検定番号（日本測量協会）No. ××－002 ○○○○年○○月○○日

会社名 ○○○○株式会社

プログラム管理者 ○○株式会社 ○○ ○○

三次元網平均計算の重量は、解析手法、解析時間を同じにして基線解析により求められた分散・共分散の逆行列を用いる。

既 知 点 の 座 標

点番号	点名称	緯度 ° ′ ″	経度 ° ′ ″	標高	ジオイド高	楕円体高
304	(○○)	34 52 42.5141	139 7 27.7139	21.117	39.8308	60.948

緯度及び経度は成果表の値、楕円体高は標高にジオイド高を加えた値を使用する。

新 点 の 座 標 近 似 値

点番号		点名称		緯度近似値 ° ′ ″	経度近似値 ° ′ ″	標高近似値 m
0001	(	○○	)	34 57 20.1320	138 59 53.3245	134.338
303	(	○○	)	34 54 23.6930	139 3 16.8245	510.349
301	(	○○	)	35 2 50.0804	138 54 24.8186	8.333
302	(	○○	)	34 58 2.7869	139 5 57.4114	26.505

基 線 ベ ク ト ル

起点番号	起点名称	終点番号	終点名称	ΔX m	ΔY m	ΔZ m
0001	(○○)	301	(○○)	9946.726	2384.419	8256.826
0001	(○○)	302	(○○)	−5418.064	−7528.348	1015.240
303	(○○)	0001	(○○)	5970.137	1655.931	4242.645
302	(○○)	304	(○○)	−5768.423	1962.913	−8095.636
302	(○○)	301	(○○)	15364.768	9912.772	7241.598
304	(○○)	303	(○○)	5216.353	3909.501	2837.745

分散・共分散行列

起点番号 終点番号	起点名称 終点名称		ΔX	ΔY	ΔZ
0001	(　○○　)	ΔX	.1127E-003✓		
301	(　○○　)	ΔY	-.9482E-004✓	.8674E-004✓	
		ΔZ	-.9695E-004✓	.8410E-004✓	.9218E-004✓
0001	(　○○　)	ΔX	.4732E-004✓		
302	(　○○　)	ΔY	-.3970E-004✓	.3663E-004✓	
		ΔZ	-.4042E-004✓	.3516E-004✓	.3871E-004✓
303	(　○○　)	ΔX	.7627E-004✓		
0001	(　○○　)	ΔY	-.6422E-004✓	.5905E-004✓	
		ΔZ	-.6667E-004✓	.5846E-004✓	.6517E-004✓
302	(　○○　)	ΔX	.5980E-004✓		
304	(　○○　)	ΔY	-.4934E-004✓	.4478E-004✓	
		ΔZ	-.5155E-004✓	.4388E-004✓	.4952E-004✓
302	(　○○　)	ΔX	.1626E-003✓		
301	(　○○　)	ΔY	-.1387E-003✓	.1276E-003✓	
		ΔZ	-.1415E-003✓	.1241E-003✓	.1349E-003✓
304	(　○○　)	ΔX	.5091E-004✓		
303	(　○○　)	ΔY	-.4261E-004✓	.3891E-004✓	
		ΔZ	-.4422E-004✓	.3850E-004✓	.4292E-004✓

基線ベクトルの平均値

起点番号	起点名称	終点番号	終点名称		観測値	平均値	残差
					m	m	m
0001	(○○)	301	(○○)	ΔX	9946.726	9946.7174	-0.0086 ✓
				ΔY	2384.419	2384.4212	0.0022 ✓
				ΔZ	8256.826	8256.8310	0.0050 ✓
0001	(○○)	302	(○○)	ΔX	-5418.064	-5418.0615	0.0025 ✓
				ΔY	-7528.348	-7528.3481	-0.0001 ✓
				ΔZ	1015.240	1015.2395	-0.0005 ✓
303	(○○)	0001	(○○)	ΔX	5970.137	5970.1348	-0.0022 ✓
				ΔY	1655.931	1655.9323	0.0013 ✓
				ΔZ	4242.645	4242.6476	0.0026 ✓
302	(○○)	304	(○○)	ΔX	-5768.423	-5768.4248	-0.0018 ✓
				ΔY	1962.913	1962.9139	0.0009 ✓
				ΔZ	-8095.636	-8095.6339	0.0021 ✓
302	(○○)	301	(○○)	ΔX	15364.768	15364.7790	0.0110 ✓
				ΔY	9912.772	9912.7693	-0.0027 ✓
				ΔZ	7241.598	7241.5916	-0.0064 ✓
304	(○○)	303	(○○)	ΔX	5216.353	5216.3516	-0.0015 ✓
				ΔY	3909.501	3909.5019	0.0009 ✓
				ΔZ	2837.745	2837.7467	0.0017 ✓

基線ベクトルの各成分の残差
許容範囲　20mm

座標の計算結果

点番号	点名称		座標近似値 ° ′ ″	補正量 ″	座標最確値 ° ′ ″	標準偏差 m
0001	（ ○○ ）	B=	34 57 20.1320	−0.0001	34 57 20.1319	0.0024
		L=	138 59 53.3245	0.0000	138 59 53.3245	0.0021
		楕円体高=	174.795 m	0.0070 m	174.8020 m	0.0168
		ジオイド高=	40.457 m		40.4570 m	
		標高=	134.338 m		134.345 m	
303	（ ○○ ）	B=	34 54 23.6930	−0.0001	34 54 23.6929	0.0020
		L=	139 3 16.8245	0.0000	139 3 16.8245	0.0017
		楕円体高=	550.738 m	0.0225 m	550.7605 m	0.0141
		ジオイド高=	40.389 m		40.3889 m	
		標高=	510.349 m		510.372 m	
301	（ ○○ ）	B=	35 2 50.0804	0.0004	35 2 50.0808	0.0033
		L=	138 54 24.8186	0.0037	138 54 24.8223	0.0028
		楕円体高=	48.791 m	−0.0239 m	48.7671 m	0.0235
		ジオイド高=	40.458 m		40.4579 m	
		標高=	8.333 m		8.309 m	
302	（ ○○ ）	B=	34 58 2.7869	0.0025	34 58 2.7894	0.0022
		L=	139 5 57.4114	0.0023	139 5 57.4137	0.0019
		楕円体高=	66.414 m	−0.0059 m	66.4081 m	0.0148
		ジオイド高=	39.909 m		39.9086 m	
		標高=	26.505 m		26.499 m	
304	（○○ ）	B=	34 52 42.5140	0.0000	34 52 42.5140	0.0000
		L=	139 7 27.7139	0.0000	139 7 27.7139	0.0000
		楕円体高=	60.948 m	0.0000 m	60.9478 m	0.0000
		ジオイド高=	39.831 m		39.8308 m	
		標高=	21.117 m		21.117 m	

楕円体の閉合差
許容範囲$15\sqrt{S}$ （S：路線長km単位）

（世 界 測 地 系）

仮定三次元網平均計算結果から求めた楕円体高の閉合差

固定点： 304　○○

点番号	点　名	楕円体高 成果値（m）	楕円体高 計算結果（m）	閉合差（m）	路線長（km）	許容範囲
301	○○	48.791	48.767	−0.024	27.764	0.079
302	○○	66.414	66.408	−0.006	10.132	0.047
303	○○	550.738	550.760	0.022	7.110	0.039

ロ. 平均計算

a. 三次元網平均計算

（世 界 測 地 系）

三 次 元 網 平 均 計 算

（ 観 測 方 程 式 ）

地区名 ＝ ○○○○

本 計 算 に お け る 楕 円 体 原 子

長半径 ＝ 6378137m
扁平率 ＝ 1/ 298.257222101

単位重量当たりの標準偏差 ＝ .1746613353E+02

分散・共分散値 ＝ 基線解析結果

スケール補正量 ＝ .0000000000E+00

B0 ＝ 34 ° 56 ′ 59 . 77 ″ L0 ＝ 139 ° 2 ′ 46 . 69 ″ における

水平面内の回転 ＝ 0.000″

ξ ＝ 0.000″ η ＝ 0.000″

計算条件 ＝実用網（ ジオイド補正あり、鉛直線偏差推定なし、回転推定なし、スケール推定なし）
（日本のジオイド○○○○(gsigeome○○○○,ver○.○)）
（セミ・ダイナミック補正なし）

ジオイド・モデルは、最新のものを使用する。

計算日 ○○○○年 ○○月 ○○日

検定番号（日本測量協会）No. ××－002 ○○○○年○○月○○日

会社名 ○○○○株式会社

プログラム管理者 ○○株式会社 ○○ ○○

既知点の座標

点番号	点名称	緯度 ° ′ ″	経度 ° ′ ″	標高 m	ジオイド高 m	楕円体高 m
301	(○○)	35 2 50.0804	138 54 24.8186	8.333	40.4579	48.791
302	(○○)	34 58 2.7869	139 5 57.4114	26.505	39.9086	66.414
303	(○○)			510.349	40.3889	550.738
304	(○○)	34 52 42.5140	139 7 27.7139			

緯度及び経度は成果表の値、楕円体高は標高にジオイド高を加えた値を使用する。ただし、水準点は、楕円体高のみを水準点に最も近い電子基準点は緯度及び経度を使用する。

新 点 の 座 標 近 似 値

点番号	点名称	緯度近似値	経度近似値	標高近似値
		° ′ ″	° ′ ″	m
0001	（ 〇〇 ）	34 57 20.1320	138 59 53.3245	134.338
303	（ 〇〇 ）	34 54 23.6930	139 3 16.8245	
304	（ 〇〇 ）			21.117

水準点の緯度及び経度近似値は基線解析から求めた値、水準点に最も近い電子基準点の標高近似値は成果表の標高を使用する。

基線ベクトル

起点番号	起点名称	終点番号	終点名称	ΔX	ΔY	ΔZ
				m	m	m
0001	(○○)	301	(○○)	9946.726	2384.419	8256.826
0001	(○○)	302	(○○)	−5418.064	−7528.348	1015.240
303	(○○)	0001	(○○)	5970.137	1655.931	4242.645
304	(○○)	303	(○○)	5216.353	3909.501	2837.745

基線ベクトルは平均図に基づき入力漏れ又は重複基線がないか点検する。

分 散・共 分 散 行 列

起点番号 終点番号	起点名称 終点名称		ΔX	ΔY	ΔZ
0001	(○○)	ΔX	.1127E-003		
301	(○○)	ΔY	-.9482E-004	.8674E-004	
		ΔZ	-.9695E-004	.8410E-004	.9218E-004
0001	(○○)	ΔX	.4732E-004		
302	(○○)	ΔY	-.3970E-004	.3663E-004	
		ΔZ	-.4042E-004	.3516E-004	.3871E-004
303	(○○)	ΔX	.7627E-004		
0001	(○○)	ΔY	-.6422E-004	.5905E-004	
		ΔZ	-.6667E-004	.5846E-004	.6517E-004
304	(○○)	ΔX	.5091E-004		
303	(○○)	ΔY	-.4261E-004	.3891E-004	
		ΔZ	-.4422E-004	.3850E-004	.4292E-004

この分散・共分散行列は、三次元網平均計算の重量(逆行列)を計算するための入力データである。

- 基線解析により求められた分散・共分散行列の値を入力データとする場合は、全ての基線において、GNSS測量観測記簿のDX、DY、DZ(ΔX、ΔY、ΔZ)から転記した値を点検する必要がある。

基 線 ベ ク ト ル の 平 均 値

起点番号	起点名称	終点番号	終点名称		観測値	平均値	残差
					m	m	m
0001	(○○)	301	(○○)	ΔX	9946.726	9946.7398	0.0138
				ΔY	2384.419	2384.4530	0.0340
				ΔZ	8256.826	8256.8708	0.0448
0001	(○○)	302	(○○)	ΔX	−5418.064	−5418.0783	−0.0143
				ΔY	−7528.348	−7528.3279	0.0201
				ΔZ	1015.240	1015.2163	−0.0237
303	(○○)	0001	(○○)	ΔX	5970.137	5970.1322	−0.0048
				ΔY	1655.931	1655.9777	0.0467
				ΔZ	4242.645	4242.6376	−0.0074
304	(○○)	303	(○○)	ΔX	5216.353	5216.3544	0.0014
				ΔY	3909.501	3909.5278	0.0268
				ΔZ	2837.745	2837.7358	−0.0092

座 標 の 計 算 結 果

点番号	点名称		座標近似値	補正量	座標最確値	標準偏差
			° ′ ″	″	° ′ ″	m
0001	（ ○○ ）	B=	34 57 20.1320	−0.0015	34 57 20.1305	0.0206
		L=	138 59 53.3245	−0.0021	138 59 53.3224	0.0176
		楕円体高=	174.795 m	0.0047 m	174.7997 m	0.0493
		ジオイド高=	40.457 m		40.4570 m	
		標高=	134.338 m		134.343 m	MS= 0.0271
301	（ ○○ ）	B=	35 2 50.0804	0.0000	35 2 50.0804	0.0000
		L=	138 54 24.8186	0.0000	138 54 24.8186	0.0000
		楕円体高=	48.791 m	0.0000 m	48.7909 m	0.0000
		ジオイド高=	40.458 m		40.4579 m	
		標高=	8.333 m		8.333 m	MS= 0.0000
302	（ ○○ ）	B=	34 58 2.7869	0.0000	354 58 2.7869	0.0000
		L=	139 5 57.4114	0.0000	139 5 57.4114	0.0000
		楕円体高=	66.414 m	0.0000 m	66.4136 m	0.0000
		ジオイド高=	39.909 m		39.9086 m	
		標高=	26.505 m		26.505 m	MS= 0.0000
303	（ ○○ ）	B=	34 54 23.6930	−0.0006	34 54 23.6924	0.0234
		L=	139 3 16.8245	−0.0009	139 3 16.8236	0.0199
		楕円体高=	550.738 m	0.0000 m	550.7379 m	0.0000
		ジオイド高=	40.389 m			
		標高=	510.349 m			MS= 0.0307
304	（ ○○ ）	B=	34 52 42.5140	0.0000	34 52 42.5140	0.0000
		L=	139 7 27.7139	0.0000	139 7 27.7139	0.0000
		楕円体高=	60.948 m	−0.0287 m	60.9193 m	0.0477
		ジオイド高=	39.831 m		39.8308 m	
		標高=	21.117 m		21.089 m	MS= 0.0000

「新点の楕円体高の標準偏差」
の確認の必要なし。

b. 斜距離の残差の計算

（世界測地系）

斜距離の残差

自	至	斜距離(観測値)		平均値	斜距離(平均値)	差	ｾｯｼｮﾝ
0001 ○○	301 ○○	13145.265	X	9946.740	13145.310	0.045	319A
			Y	2384.453			
			Z	8256.871			
0001 ○○	302 ○○	9330.710	X	−5418.078	9330.700	−0.010	319A
			Y	−7528.328			
			Z	1015.216			
304 ○○	303 ○○	7109.665	X	5216.354	7109.677	0.012	319A
			Y	3909.528			
			Z	2837.736			
303 ○○	0001 ○○	7508.973	X	5970.132	7508.976	0.003	319A
			Y	1655.978			
			Z	4242.638			

斜距離の残差　許容範囲　80㎜

―公共測量―　作業規程の準則
基準点測量記載要領　水準測量編

定価 3,080 円（本体 2,800 円＋税10%）

平成23年12月26日　第１版
平成25年５月29日　改訂第１.１版
平成26年９月26日　改訂第１.１版　第２刷
平成29年４月27日　改訂第２版
平成31年４月19日　改訂第２版　第２刷
令和３年４月３日　改訂第３版
令和５年６月30日　改訂第４版
令和６年８月８日　改訂第４版　第２刷

発行者　公益社団法人
日本測量協会
〒112-0002　東京都文京区小石川１－５－１
パークコート文京小石川ザ タワー
TEL 03－5684－3354　FAX 03－5684－3364
https://www.jsurvey.jp

落丁・乱丁本はお取替いたします。印刷・日本印刷㈱　ISBN978-4-88941-147-8